生きのびるための流域思考

岸由二 Kishi Yuji

★——ちくまプリマー新書
378

目次＊Contents

長いまえがき〈なぜいまこの本を出版するのか〉……9
豪雨災害の時代がはじまっている／「流域」を知らないと命が危ない／足元の「流域」から都市を考える

第一章 流域とはなにか……19

1 **流域の基本構造**……19
地球は水循環の惑星だ／流域を多面的に理解しよう／流域がつくり出す流水の姿

2 **流域の水循環機能**……25
流れる水と地面の関係／雨水はどのようにして川の水になるのか

3 **「流域」の機能を理解するための基礎知識**……34
ハイドログラフって？／降雨のパターンで見てみよう／保水と遊水／大きな森は大きな保水力を持っているから安全!?／急傾斜の流域では／流域の形と流出パターン／雨のパターンで考える

4 流域治水の時代がやってきた……49
なぜ流域治水へと大転換したのか／あふれさせる治水とは

〈コラム〉流域という日本語について／流域の英語について／河川・水系・流域／洪水……58

第二章 鶴見川流域で行われてきた総合治水……65

1 鶴見川では流域治水が一九八〇年から……65
鶴見川はどんな川？／いち早く「流域思考」で新しい治水方式に取り組む／総合治水・流域整備計画はどのように行われたのか／大規模緑地で生物多様性モデルを保全

2 目に見える成果が出た……104
大氾濫が止まっている／三〇〇㎜規模の豪雨でも大氾濫しない川に！／大型台風襲来も多目的遊水地が大活躍しラグビーの試合は開催／一五〇

年に一度の豪雨を想定／流域思考は応用が利く
3　総合治水を応援する市民や企業が登場……116
TRネットの登場／環境分野での連携が鍵／総合治水対策から水マスタープランの流域へ
4　流域開発への対応から温暖化未来への挑戦……127
流域規模で都市構造から考え直さなければ
5　総合治水の流域拠点探検隊……132
河口～源流～そして再び河口へ
6　流域治水はこれからどんな道を歩むのか……182
鶴見川流域の実践はモデルとなるか／自然と共生する持続可能な都市づくりを支える流域思考
第三章　持続可能な暮らしを実現するために……187

1 **生命圏再適応という課題**……187
地球環境は危機の真っただ中／わたしたちと地図の関係／流域地図を共有しよう
2 **さらに先の未来を考える**……202
流域は大地の細胞／流域思考で生命圏に適応してゆく
3 **鶴見川流域での三つの実践**……216
流域学習コミュニティを工夫し励ましてゆく／流域スタンプラリー／水マスタープラン応援の実践拠点
あとがき……223

イラスト　たむらかずみ
地図トレース　朝日メディアインターナショナル株式会社

長いまえがき〈なぜいまこの本を出版するのか〉

豪雨災害の時代がはじまっている

ここ数年、豪雨の災害が続いています。小さな川（中小河川）の氾濫だけではなく、鬼怒川、球磨川、最上川など、大きな一級河川が氾濫し、多大な被害が広がっています。丘陵・山地では、斜面を駆け下る土石流によって、多くの人命が失われました。

この傾向は、おそらく一過性の現象ではありません。地球規模の気候変動によってこれからも続く、あるいは、さらに厳しくなると考えられています。

本書は、そのような豪雨や大きな水災害の危機にしっかり備え、未来を生きのびてゆくことのできるみなさんの世代を応援するために企画された出版です。

わたしは、都市河川の下流域で何度も大きな水害を体験してきました。同時に、地域の治水安全・実践的な防災活動に長く関わってきた市民の一人です。また、都市の自然環境の保全や水土砂災害の防災（または減災）に強い関心をもつ生態学者としての日常もあります。治水や自然保護に関する国や自治体の審議会委員なども長く経験した研究者の一人として、この課題を大急ぎでまとめる必要があると感じてきたのです。

近年、水土砂災害が急増した第一の理由は、強い雨が増えていることです。これからの五〇年、一〇〇年、二〇〇年にも及ぶ深刻な地球温暖化の表れだという意見も有力です。現状は、数十年間隔の気象変動のレベルという解釈も完全に否定されているわけではありませんが、いずれにしても、ここ一〇年の動きを見ていると、今までの常識では対応できない豪雨が増えていることは事実です。

この傾向はこれからも続くと考えておくべきでしょう。わたしたちは、すでに温暖化豪雨時代の入り口にいるのかもしれない。そう判断し、対応していくほかないと、思われます。

「流域」を知らないと命が危ない

ところが、現状はその緊急事態とも言える状況に、社会が長きにわたり、適切に対応できずにきたのです。一般社会のレベルだけでなく、報道や自治体のレベルでも同じことが言えるのです。

まずは、地図が問題です。豪雨を引き起こす水土砂災害は、大小のスケールにかかわらず、「流域」という地形や生態系が引き起こす現象です。「流域」とは、雨の水を河川・水系の流れに変換する大地の地形のことです。「流域」の構造を知ることで、水土砂災害に備える考え方や行動ができるのですが、実際には、私たちが利用する通常の地図にはほとんど反映されていないのです。

二〇二一年の今日まで、私たちは、学校でも、市民社会でも流域については学ぶことなくすごして来ました。

それは、行政も市民も同じ。水土砂災害は都道府県・市町村の行政単位で発生すると考えている行政職員や市民は少なくありません。防災・被災の情報が、いつも行政地図を元に報道されてきたことに、わたしたちは慣れきってしまっていたのかもしれません。

それだけではなく、気象庁も国土交通省も、「水土砂災害は河川が引き起こす」と、ついつい、強調してきました。氾濫を引き起こす構造として、確かに河川は水土砂災害の直接的な原因のように見えます。しかし、その河川に大量の雨水を集める大地の広がりは「流域」であり、雨水や降水による氾濫やさらにそれらを水土砂災害を引き起こす川の流れに変換するのは、「流域」という地形であり生態系です。つまり、氾濫を起こすのは、川ではなく「流域」なのです。これが、水土砂災害を考える上で、わたしたちがいま確認すべき、最も重要なポイントです。

二〇二一年の現在に至るまで、日本の義務教育は、どの学年でも流域という地形について学ぶことはありませんでした。わたしたちが流域についての明快なイメージを持っていないおそらく最大の理由はここにあるように思います。雨や川については学ぶのですが流域の地形・生態系は義務教育のテーマになっていないのです。これでは、行政も、国民も、報道も、水土砂災害の基本を理解できるはずがありません。

そのような状況への対策として、二〇一三年にわたしは『「流域地図」の作り方』という本を、ちくまプリマー新書から出版しました。「流域」ということばになじみのない高校生に向けて、流域についての基礎知識をまとめた本です。そこでは、わたしが日常的に関わっている一級水系鶴見川流域での防災・自然保護の取り組み、さらに、三浦半島・小網代での自然保護の取り組みを簡単に紹介しました。流域を枠組みとした「流域思考」による防災や自然保護を実践した実例です。そこから流域思考の治水や自然保護について、都市づくり、持続的な未来づくりのビジョンに関する内容へと出版を進めていけると考えていたのです。

ところが二〇二〇年になり、突然、状況が変わりました。その本を出版した翌年（二〇一四年）から今日まで、想定をはるかに超える大規模な河川氾濫を含む水土砂災害が、各地で多発しはじめました。さらにはやる気持ちで、私は様々な委員会などを通し、学校での流域学習を促し、流域思考を反映させた防災、地域づくりを進めるための各地の活動のサポートに奔走する暮らしになりました。

そんな中、二〇二〇年から、小学校四年生の理科の学習で、流域と関連づけることができる「雨の水の行方」というテーマの学習が開始されたのです。足元の大地には、雨の水を集める凸凹構造があるということに焦点を当てた学習です。とはいえ、小学生には難しいという理由で「流域」ということばそのものは採用されませんでした。さあ、どのようにして小学四年生の雨水の学習、五年生の流れる水（河川）の学習を、子どもたち、さらには市民レベルの流域学習へとつなげるか。様々な学習教材の工夫など、新たな課題に取り組み始めたのです。

そんな矢先、行政の領域でさらなる激変が起こりました。二〇二〇年七月、国土交通省の河川分科会という審議会（一九九九～二〇一八年春まで、わたしはその委員会に属していました）が、「流域治水」という方針を発表したのです。水土砂災害を流域という枠組みで総合的に進めるという宣言、日本の治水の歴史でいえば、革命といっても大げさではないほどの、方針の転換でした。

足元の流域から、学校から、自治体から、流域思考の浸透・拡大を目指してきたわたしや、志を同じくする活動仲間たちは驚き、感動するばかりでした。トップダウンで一気に流域思考が誘導されはじめる局面を迎えたのです。

これを機に、新たな出版を工夫して、高校生や義務教育の教員、市民を対象に、流域思考の治水対策に焦点を合わせた紹介をしておこうという展開となりました。それが本書。二〇一三年の前著『「流域地図」の作り方』の、少し上級向けの改訂続編であるとともに、流域治水の新しい動向を紹介する、緊急出版なのです。

足元の「流域」から都市を考える

「流域」という概念もこれから本格的な普及がはじまる段階です。「流域思考」ということばや概念には、さらに難しい印象を抱かれるかもしれません。

詳細な理解は本書全体を通して進めていただくことにして、まず冒頭では「**流域思考とは、流域という地形、生態系、流域地図に基づいて工夫すれば、豪雨に対応する治水がわかりやすくなる。さらには、生物多様性保全（自然保護）の見通し、防災・自然保護を超えた暮らしや産業と自然との調整の見通しも良くなる**」という、従来からのわたし、そして共に実践を進めてきた市民活動の主張を表現することばとして理解していただければ幸いです。

そのような主張を展開し、論文や本を書き、行政、市民仲間と、様々な応用実践もすすめてきた当人が本書の著者ということです。これまで実践を進めてきた活動は、鶴見川流域と三浦半島・小網代という地域にほぼ限定されていますので、まだ全国へ広く普及された用語、概念というわけではありません。とはいえ、「流域思考」という表現でくくられるものの見方、考え方、方法は、治水の現場で展開されてきた国や自治体の努力から学び、国や自治体や市民運動が推進する自然保護活動でその有効性が実証され、ここから未来を目指す試みがはじまっているとわたしは理解しています。だからこそ今、温暖化による未来の危機を展望して流域治水の方針を明示した国の動きにも励まされ、その有効性を改めてアピールしておく必要があると思い立ったのです。

以下、本書の構成は冒頭の流域の基礎論と末尾の展望論をのぞくと、ほぼ鶴見川という一級河川の流域での流域治水の実践の歴史、現状、展望などの紹介に集中しています。

流域治水が提唱する流域の枠組みでの水土砂災害対応がいかに有効であるかということを、ここ四〇年にわたる行政計画として、一級水系の規模で実証してきたのは、鶴見川流域における総合治水という治水対策だったからです。

流域治水のビジョンでは、「グリーンインフラの整備」という見出しで、流域における緑の保全が治水上もきわめて重要であることが取り上げられています。実は、鶴見川の流域には、生物多様性保全のための環境省・国土交通省・自治体・市民活動の連携による大事業（一九九六〜二〇〇二）の形で、緑の保全と治水の連携、つまりグリーンインフラの整備が大規模に実験された歴史もあるのです。

以上を踏まえていえば、二〇二〇年に国土交通省が提示した流域治水の方針は、鶴見川流域という一級水系の枠組みにおいて、すでに四〇年の実践を経ていたということにもなるはずなのです。この機会にその歴史をたどり、これまでの試みや成果そして課題についても紹介したいと思うのです。

以下、本書で私が提示する流域思考とは、流域という地形・生態系・地図を活用する研究・計画・実践・思索やビジョンが、科学、技術、実践、政策、計画、倫理として、また、治水・水土砂災害対策、自然環境保全、都市文明の生命圏適応を誘導する文化づくり、さらには大地への倫理の育成にも、深く遠い有効性を示すはずという提案です。

巻末に関連の参考文献も紹介しておきます。本書はそれらの文献への入門でもあるとご理解ください。

流域思考、流域地形、流域生態系、流域生活圏、総合治水、水マスタープラン、流域治水、水循環健全……など、耳慣れないことばが次々と登場します。混乱したら、ひと休みして前後の記述を参考に、ことばを整理しながらじっくり読み進めていく。あるいは、どんどん読み進め、読み直してみる。自由な方法で読み、理解を深めていただければ幸いです。

第一章　流域とはなにか

1　流域の基本構造

本題に入ります。流域思考は、流域に注目し、その基本構造や機能を理解したうえで、応用してゆく思考です。流域とは何なのか。まず、基本を理解してゆきます。

地球は水循環の惑星だ

流域は、大地に降り注ぐ雨の水を、川の流れに変換するマジックランドです。簡単に説明しましょう。

わたしたちの暮らす星「地球」は水の惑星です。地表の七割は海であり、陸域にも川、湖、湿原など、水の領域が広がっています。それだけではなく、地面の中にも大量の水がある。あるいは、南極、北極、高地には「氷」という形で、大量の水が存在します。

さらには、厚さ一〇㎞を超える対流圏と呼ばれる大気中にも、気体、液体（雲・雨）、個体（氷・雪）状の水が大量に含まれています。

気体、液体、個体と、様々なかたちをとる水は、太陽のエネルギーや火山の熱、人間の排出する熱などに駆動され、相互にかたちを変えながら、地球という惑星の基本領域で循環劇を繰り広げます。地球は水の惑星というだけでなく、壮大な水循環の惑星でもあるのです。

太陽の熱を受けて、海から蒸発する水は、対流圏に広がり、上空で冷えれば雲になり、雲が風にのって陸域へと流れ、そこで冷えれば雨や雪となって大地へと降り注ぎます。降り注がれた雨水は重力によって低きに集まり、土に吸収され、地表を流れ、地中を流れ、あるものは地中深くに浸透して地下で水塊を形成します。地表や浅い地中を流れる水は、小川となり、合流して大きな川になり、海に注がれます。地球の水循環はこのようなストーリーで語ることができます。

この循環劇の中で、流域という地形が重大な役割を果たします。地上へと降り注いだ雨や雪の水を集め、川や水系の流れに変換し、河口に運ぶ働きです。流域は、地球という水の星の大地に降る雨を川に変換する不思議な大仕事を果たし続ける、マジックランド。わたしはそう感じています。

流域を多面的に理解しよう

流域とは、雨の水を川に変換する大地の構造。そこから、もう少し具体的に理解するためには、地形・生態系という二つの視点を重ねて理解しておく必要があります。

第一に、大地の凸凹構造、地形そのものという面でみれば、流域は「大小高低にかかわらず尾根という大地の盛り上がりに囲まれた窪地《くぼち》」として定義することができるでしょう。窪地であれば、すべてが流域かというと実はそう簡単ではありません。南極の氷の大地にも、サハラ砂漠にも、大地の隆起陥没や風の力で形成される凸凹がありますが、それらについては、ここでは流域と呼ばないことにしておきましょう。流域は「**雨の降る大地における固有の凸凹**」と、考えておきたいと思います。

雨の降る大地で尾根に囲まれた窪地は、雨の水をどうするのでしょうか。それらを集めてその一部（場合によってはほとんど）を流水にして、川・水系に変換して海や湖に注ぎ込みます。流域は、雨の水を水系に集める尾根に囲まれた大地の窪地（図1）。雨の降る陸域において、雨の水を水系に変換する地表における水循環の単位地形ということができるでしょう。専門的な文章では、これを縮めて「流域は、陸域における水循環の基本単位」などということもあります。さらに具体的に考えれば、それらの地形はたくさんの生物たちの暮らしや人の暮らしに大きな影響を与え、同時に、影響される実在でもあります。流域という基本地形は、水循環のさまざまな過程や機能を介して、多種多様な生物の暮らしを支え、人の営みと関係しています。

生態学の専門用語では、特定の空間について、そこで展開されるさまざまな物理化学的な過程（たとえば水や物質の循環）と、その影響のもとに相互作用しながら暮らす生物の全体をシステムとみなし、生態系（ecosystem）と呼びます。この視点を導入すると、水循環の基本単位である流域という地形は、流域生態系でもあるということになります。人間の暮らしに重点をおけば、流域という地形は人間の暮らしも左右する流域生態系と言えます。つまりは、流域生活圏と呼ぶこともできるのです。

つまり雨の水を川に変える「流域」という地形は、水循環の基本単位であり、その空

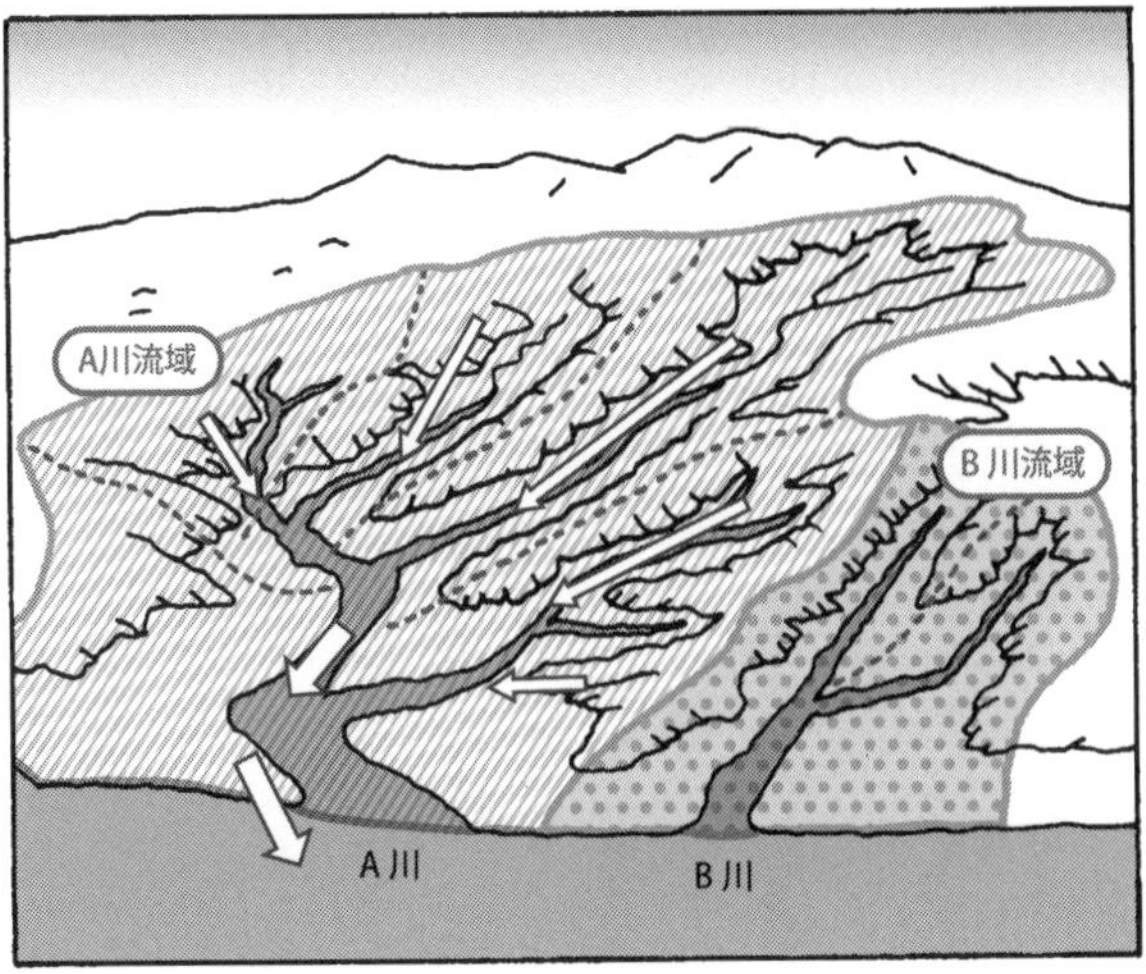

図1　流域の構造。A川流域とB川流域は隣りあっている。さらに流域はそれぞれがジグソーパズルのように入れ子状になっている

間に展開する生物世界を含めて考えれば流域生態系であり、人の暮らしまで含めて考えれば、流域生活圏でもあるということです。

流域がつくりだす流水の姿

流域に注がれた雨の水は、植物を濡《ぬ》らし大地にあたり、地面に浸透し、地表を流れ、一部はそのまま蒸発して再び大気中に戻ります。その際、地表を流れて川に至る量は、小さい雨ならほんの一部、長く続く大きな雨であれば降水量のかなりの部分ということになります。地表を流れる水は、一度地面にしみ込んだ後に再び地上に湧きだす水と合流して川となり、池や湖ともなり、最終的には海に至ります。

地中にしみ込む水の一部は地下深く浸透して地表の流域（表面水流域と限定的に表現することもあります）の外に出てしまうこともありますが、かなりの水は浅い地中を移動（深く浸透するよりも横に移動する方が、摩擦が小さければ地中を横に流れます。中間流と呼ばれる現象です）して、各所で湧きだし、地表の流れと合流して川の流水となります。

もちろん、植物をはじめとする生物たちに吸収されて、生物の体の一部となり、また息、排泄物《はいせつぶつ》、葉などからの蒸散《じょうさん》を通して大気に戻ってゆく水もあります。

重力に引かれた流水は大きくなれば川と呼ばれます。多くの支流が合流して大きな本流となる。支流と本流のまとまったものは、専門的には水系と呼ばれ、一本の水の流れとして定義される川とは別概念で論じられます。川や水系に集まり、流れ下る流水の動きが本書で議論の中心となる、「氾濫、洪水、治水」などの話題に関連してゆくことはもちろんのことです。

そんな流水の基本の動きの一部は、日本の小学生なら五年生の理科の単元「流れる水のはたらき」で、すでに学んでいるものです。以下、念のための復習をかねて説明しましょう。

2　流域の水循環機能

流れる水と地面の関係

流れる水と地面の関係性には、三つの基本作用があります。

浸食作用

集水され、流下する雨の水は大地を削ります。水量が多く、流れの傾斜が急で、周囲の地質がもろければ、侵食される大地の量は大きくなります。一気に大きな侵食・崩壊が起きれば、斜面地の土砂災害、河川の土石流のような災害へとつながります。

運搬作用

浸食された土石は、流れが急で、水量が多ければ大量に下手《しもて》に運ばれてゆきます。急傾斜地で一気に大量の水が流下すれば、激しい土石流となって下手を襲うこともあります。流水を生み出している流域生態系に大量の倒木や岩石があれば、土石流の先頭には大量の流木、ついで泥の巻き上げられた濁流に浮いてしまう大量の岩石、泥や砂といった順番で流れてゆきます。穏やかな流れなら、運搬されるのは、軽い粒子の土砂や、植物質、ということになります。

堆積作用

流れに運搬される土石や植物質は、流れが穏やかになれば、重力によって沈殿し、流路に堆積してゆきます。

山間地の流域から流れ出る河川の下手には、そのようにして堆積した土砂により、大小の扇状地と呼ばれる堆積地形が形成されます。堆積が激しければ、大雨の引いた後、川の両側に堤防のような構造が形成されることもあり、自然堤防などともよばれます。大きな河川の下流河口部には、上げ潮では海に沈み、引き潮では陸域に現れる広い干潟が形成されます。流水に浮遊する微粒子が海水中のイオン類と結合することで沈殿しやすくなり、腰まで沈むような柔らかい堆積地となります。有明湾の泥干潟はその一例です。

小学五年生の理科で学ぶことは、以上三つの作用が基本です。流域の集める雨水がどのような仕組みで川の水になるのか。次々と川が合流すると水の量はどうなるのか。豪雨で大量の水が集まると中流の川沿いの低地や盆地、下流の低地では何が起こり、最終的には川の水はどうなるのか。集水、合流などにともなう川の水の量に関わる諸問題は、学習する機会がないのが、普通です。

雨水はどのようにして川の水になるのか

ここでは、流域の集める雨水がどのようにして川の水になるのか、その量はどのような作用に左右されるのか、さらに流下して増水する川の水はどのような広がりを見せて最終的に海に至るのかをまとめておきましょう。キーワードは、侵食・運搬・堆積ではなく、**集水・流水・保水・増水・遊水・氾濫・排水**です。

まずは集水です。雨を受け止めた流域は、雨水のすべてを集水し、流水にするのではありません。わかりやすい例として、図2に示したモデルの流域で考えます。

流域の源流・上流部には山・丘陵が広がり、流域の下手に広い低地がある流域を考えます。日本列島はその七割が丘陵・山地で、三割が低地です。低地は山間地の河川中流域にも発達しますが、大部分は、関東平野や大阪平野のように海岸沿い、つまり河川の下流部に広がっています。六五〇〇年ほど前、地球が今よりもはるかに温暖で、海水の膨張や氷河の溶解を受けて、場所によっては数メートルも海面が高かった時代に、海辺の浅瀬や干潟だった場所が陸地化した地域です。図は、そのような配分の流域図になっ

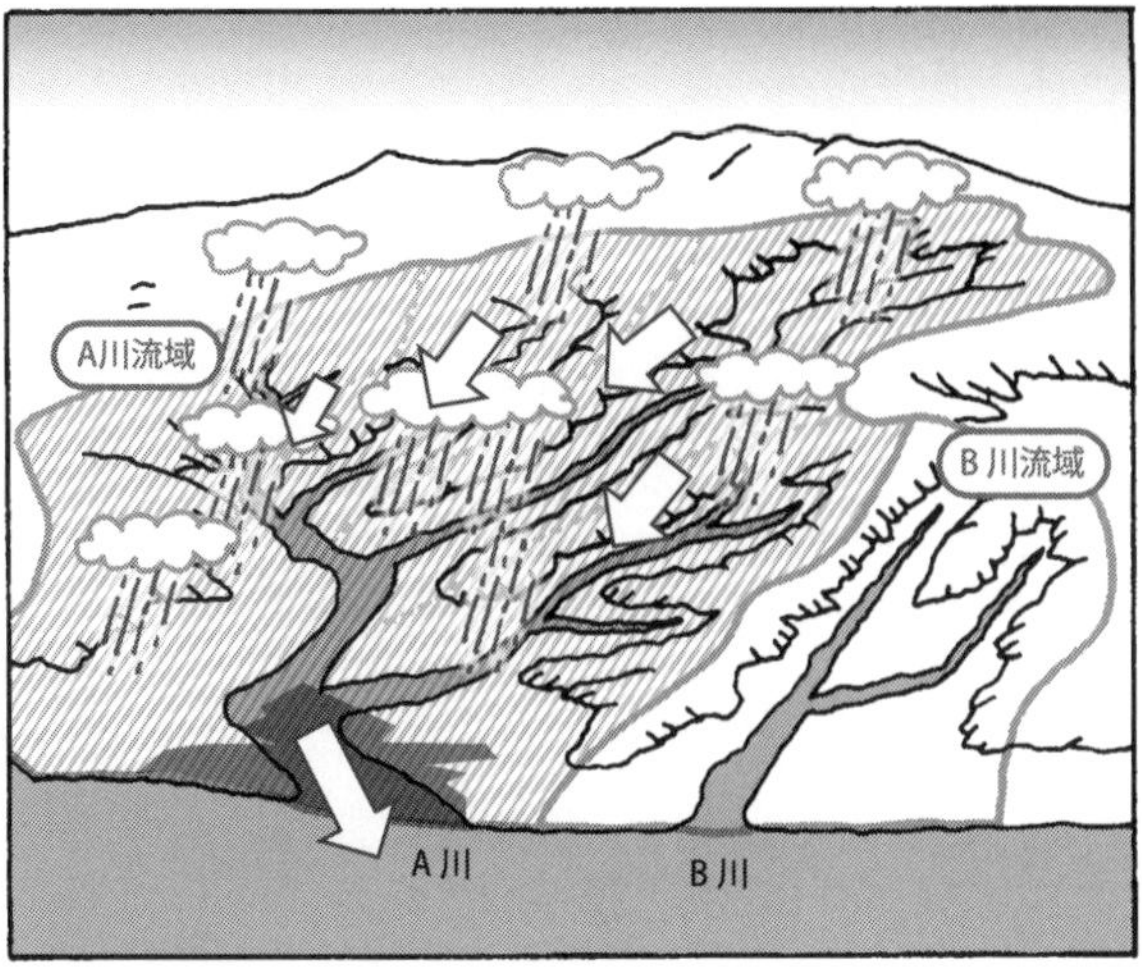

図2　雨は流域ごとに集まり流下する

ているので、日本列島の事情を考えるのなら、平均的なバランスの図と考えていただいていいかもしれません。

流域の上部に集中して豪雨が降る場合を考えてみましょう。森や田畑に降った雨は、すべてが一気に川となって流れ出すわけではありません。森に降った雨は、最初のうちは一部が植物体に付着し（遮断）、地面に到達した雨もそのほとんどが土にしみ込んでしまいます（浸透）。

どの程度が浸透・吸収されるかは、土壌・地質の個性（隙間や粒子の大きさなど）や、直前の晴雨の状況などによって大きく変動しますが、晴天が続いた後の雨であれば、一時間に五〇〜一〇〇㎜の規模の豪雨であっても、大半が浸透・吸収されると思われます。

それでも、吸収力の低い部分に降った雨や裸地に降った雨の水は、集まり、地面を流下する流れ（表面流）となります。雨の時間が長くなれば浸透度も低くなり、表面流出の量は増大します。そして、流下する小さな流れは集まり、渓流・小川となります。地中にしみ込んだ水もまた浅い地中を重力で移動して、再び湧き出す流れも加わって、水量を増して小河川となります。繰り返す合流を受けて上流、中流、下流と水量を増して、海へと注がれます。集水された雨水の一部あるいは、かなりの部分が流水となり、増水しながら流下し、海に排出されるということです。

以上が、集水、流水、増水、排水というプロセスです。ただ、この説明は事態をあまりに単純化し過ぎています。実際には、この過程には保水、遊水、氾濫などという複雑な事情が関わってくるのです。

保水

ある面積の地域（流域）から流れ出す雨水の量は、その地域に降った雨水の量よりも少ないのが普通です。蒸発したり、何かに付着したり、生物に吸収されたり、地面深く浸透したり。それだけでなく、池や田んぼに溜まってしまうものや、浅い地中を移動して表面の流れとは別のゆっくりとした動きをする水もあります。川の流水となる水の量を削減させるさまざまな経路が存在するのです。

一時的にせよ、流水と区別されるこれらすべての水の量を保水と呼んでもいいのですが、森や田畑や池が一時流下を留める量（これも実際には測定困難ですが）だけを、まずは保水と考えておくとわかりやすいかもしれません。同じ豪雨が降っても、流域生態系ごとに、流出の量は異なります。地形、土質、植生、田畑や池の分布など、保水の量を決める状況は、流域生態系ごとに異なっているのですから当然のことです。

氾濫

保水された分を差し引かれて流下する水は、上流、中流、と流下に沿って支流流域からの流れを合わせ、下流へと水量を増していきます。水量が一気に増せば、通常の川の範囲を超えて水があふれ、時間差で再び川に戻ってくることもあります。増水した流れが、普段は水の流れない川辺の湿地帯や田んぼにあふれ、広がって、川そのものの流下速度を落とす（一時的に滞留する）ような状況になれば、それを氾濫と呼びます。

遊水

大規模な氾濫は流域の低地で起きるのが一般的ですが、上流や中流の川沿いに低地や盆地があれば、そこで大小の氾濫が起きることもあります。そのような状況になれば、その分だけ下流での川の流れは穏やかになります。下流の事情を優先させて、上中流での小さな規模の氾濫、あるいは、人為的に決められた場所での氾濫のことを遊水と呼びます。「**遊水地**（**池**）」という名前で呼ばれるような場所を公に設定して、下手の流量を計画的に減少させる工夫は、昔から各地で進められています。ただし、最下流、低地のまま海につながる河口部で起こる氾濫の場合は特別です。定義上、さらに下手の氾濫はありませんので「遊水」と呼ぶことはできません。これは大氾濫と呼ぶしかなさそうです。

集水された雨の水は、さまざまな程度に保水され、合流を受けて増水し、一部は遊水されながら下流に向かい、時に大氾濫を起こして、海へと排水されていく。

これらは流域生態系が雨を受けて引き起こす自然現象なのですが、特に田畑や池などによる保水や、田畑や町における氾濫は、しばしば人の暮らしの安全を脅かす事態となります。人の視点から、水に関わる災害、水害と呼ばれる事態にもなります。

これまでの行政の仕事の分野では、流域生態系において、河川の構造を改変・整備し、また下水道の構造も工夫して水害を防止することが「**治水**」と呼ばれてきました。しかし、行政の制度の枠を越えて素直に考えれば、河川や下水道の設備だけではなく、山地・丘陵、森、田畑、池、町等々における保水・遊水の力など、流域地形・流域生態系の諸要素の効果を総合的に利用、整備、調整することで治水目的を達成する方式こそ、治水の基本、となってよいに決まっています。

二〇二〇年、日本国が宣言した「流域治水」は、そのような総合的な治水のことを指します。これについては、後の章でしっかりとふれてゆきます。

3 「流域」の機能を理解するための基礎知識

次は、「流域」の機能を、量的に理解してゆくための基本知識を整理しておきましょう。概要を理解しておくと、大きな河川・水系の治水の理解にも、しっかり、役に立つはずです。

まずは、流域に降った雨の水が、川を流下する水量とどのような関係にあるのか。雨の降り方と流出量の時間経過に関する基本から整理してゆきます。

ハイドログラフって？

流出パターンのグラフのことを専門用語で、「ハイドログラフ」（図3）と呼んでいます。対象となる流域について、雨のパターンと流出のパターンをグラフで示すことで、雨の水を川の流れに変換する流域というマジックランドの特性を把握することができるのです。棒グラフが雨量、下の曲線グラフが流出量を表しています。

このような議論をたどることが不得意な人は、飛ばし読みで進めていただいて構いません。興味が湧いたところから読んでください。

降雨のパターンで見てみよう

図4を見て下さい。理解を単純・明快にするために、まずは細長い短冊のような流域をイメージしてください。ここに、時間当たりの雨量（雨の強さ）が変わらない雨が降り続くと考えます。降りはじめは穏やかで、途中で強くなり、また穏やかになって降りやむようなパターンが基本と思われますが、実際には降水量もパターンも千差万別です。ここでは話を簡単にするために、時間あたりの雨が同じ強さで降り続くと仮定して先に

進みます。

普通は、雨の水は保水されながら流出してくるのですが、ここでは保水されることなく、すべて川の流水に変換されると考えましょう。さらに思考を簡単にするために、流域をほぼ同じ面積かつ、同じ傾斜の上流（C）、中流（B）、下流（A）流域の三つの区間に区分します。以上を仮定したうえで、それぞれの地域に降った雨の水が、河口でどのような流量となるのかを考えます。図の上辺の水平線から下に描かれている短冊は、時間当たりの雨量と考えてください。図では五時間にわたり同じ雨が降り続くとしています。

図の下辺の軸から上に描かれているカーブは測定点（ここでは河口とします）で測定される時間当たりの流量です。雨量も流量も縦軸に目盛があると思ってください。

まずは下流（A）だけに雨が降ると、流出量はすぐに増えはじめ、上昇し、一定の量となり、雨がやめば減少してもとに戻るでしょう。雨が長く続けば、一定量の流れのある時間は長くなりますが、雨の時間が短ければ一定量の流れにはならずに尖《とが》った形で減少に入ります。

次は中流（B）だけに同じ雨が降るとどうなるか。流出のパターンは下流と全く同じ

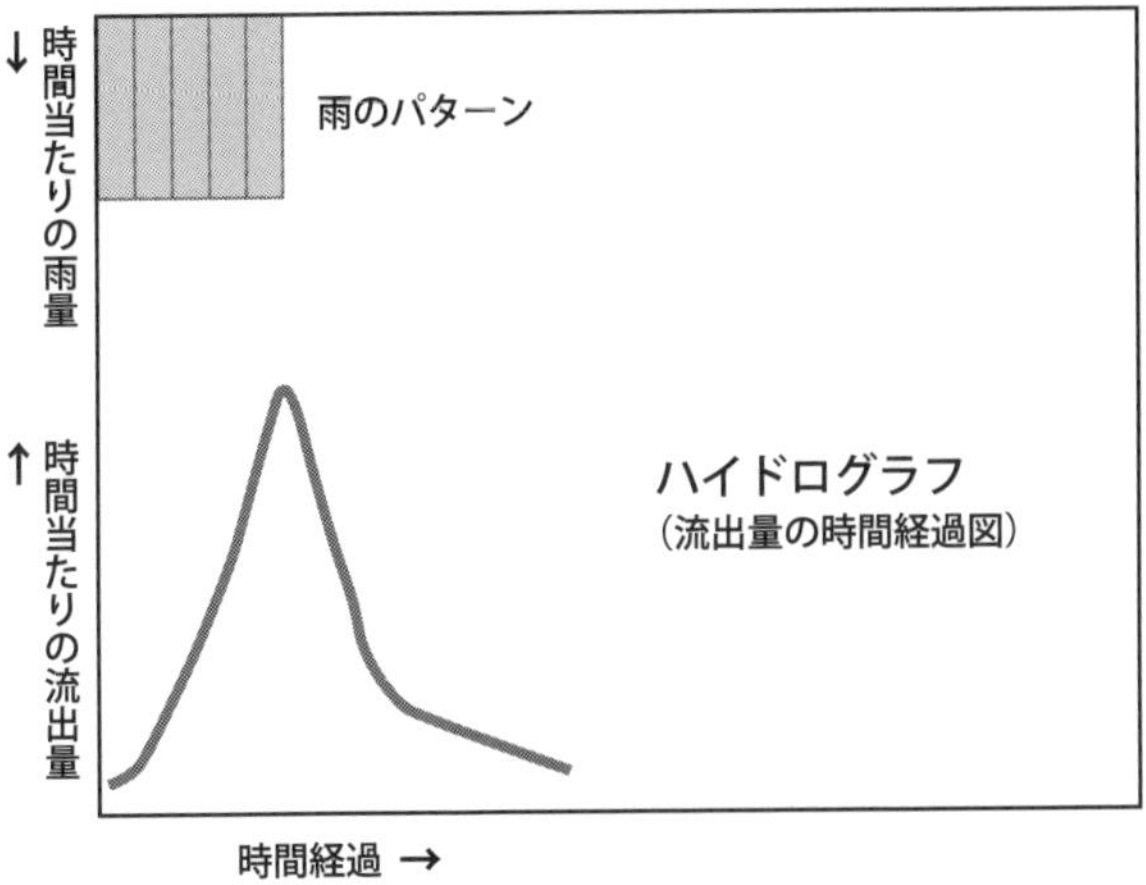

図3　基本的なハイドログラフ

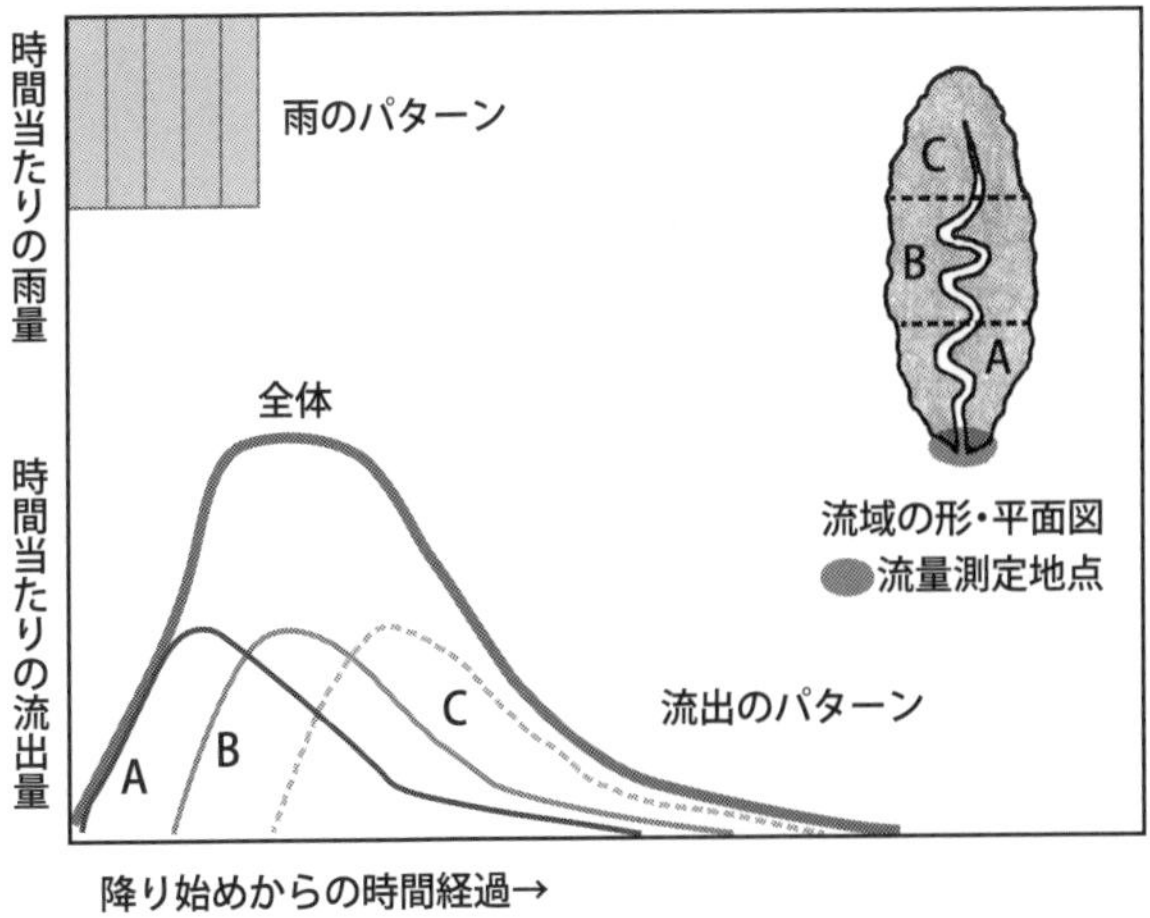

図4　流出は流域各地から集まる水量の合計

ですが、流水が河口に到着するまで時間がかかりますから、下流の流出パターンを右にずらした形となります、上流（C）だけに雨が降ると、流出のパターンはさらに右にずれることになります。全域に雨が等しく降っているのであれば、流出のパターンは以上三つのカーブを合計した太線のようなカーブになると予想されます。

上流、中流、下流の区域の面積が異なったり、傾斜が異なったり、それぞれの地域の保水力・遊水力が異なったり、さらには雨の降り方が変われば流出の形はそれぞれの要素に対応して複雑になってゆきます。流域の面積や形そのものが変われば、流出のパターンはさらに複雑になります。現実の流域で、雨の降り方と河口（あるいは特定の測定点）での流出の形の関係がどうなるかは、実測して記録して検証もするのですが、現在では、流域を小分割地域ごとで詳細な雨量の測定、流域のさまざまな特性を組み合わせて、コンピューターで予想することも、可能です。

保水と遊水

次は保水能力がある流域を考えてみます。先ほどのモデルは流域が雨の水を全く保水

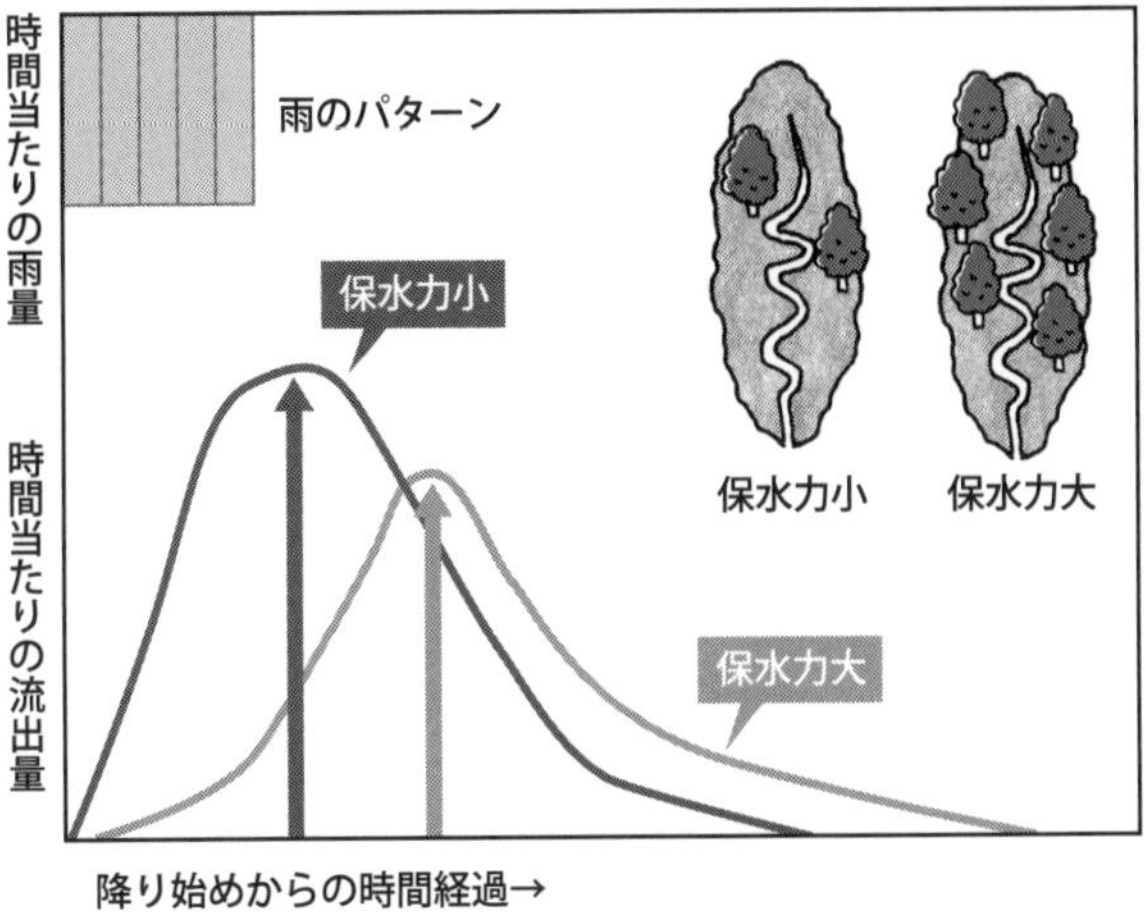

図5　保水力の違いによるハイドログラフの違い

せずにすべてを流出させると仮定しました。今回は、保水能力の大きな流域に一定の雨が降り続いたモデルです。地表に到達した雨の水は、最初はかなりの部分が保水されてしまい、川の水（流水）に変換されずにいるはずです。やがて、森や田畑や池の保水力は低下してくる（飽和してくる）ので、流出される水が増えてゆきます。

この場合、ハイドログラフ（図5）は最初にゆっくりと増大し、雨の降る時間が短ければ安定平衡には至らず、雨がやめば減少してゆくはずです。雨の量に対して、保水力の高い流域なら、増加の段階でも、減少の段階でも、保水が効くはずです。ハイドログラフの形は図5のような形となるでしょう。雨の量が多く、それが長く続けば、たとえ保水力が大きな流域であってもやがて飽和してしまいます。流域が飽和しているので、雨が早くあがれば、流出量の低下も直線的になる。雨の時間が長くなれば、降雨量に対応した一定の流出が続く安定平衡状態が現れるでしょう。

流出カーブの上昇時では、保水効果のある場合の増加カーブと、保水効果のない直線増加の場合の線に囲まれた範囲に対応する部分は、流域の緑や、土や、田畑や、池などに保水される雨の水です。雨の水は流域のマジックによって、流出する水と保水される水に区分されたというわけです。

保水された水は、自然の流域であれば、地下深くに浸透したり、浅い地中をゆっくりと流下して、時間をおいて川へと流れ出ます。ダムなどに溜められる形で保水された雨水が、農業・工業用水となり、あるいは水道水源になるのも容易に理解できるのではないでしょうか。

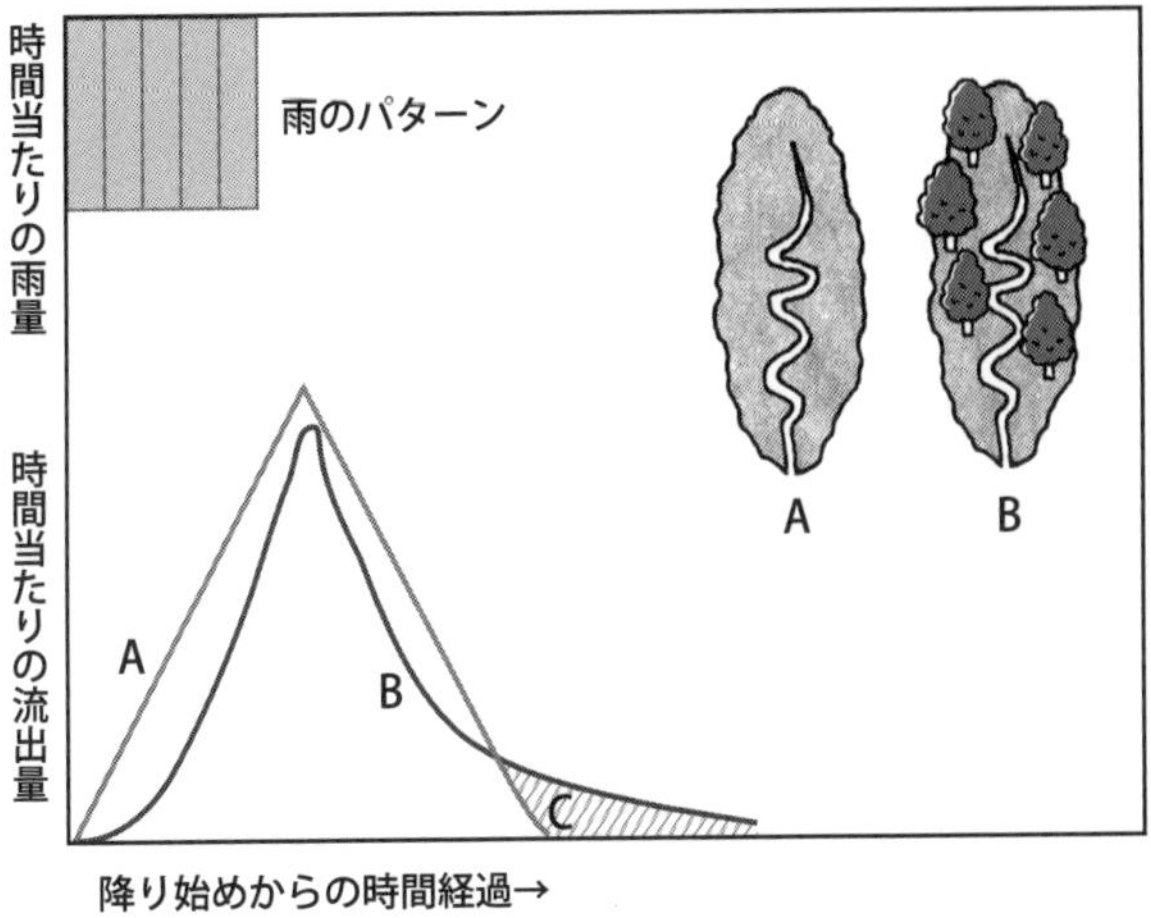

図6　流域に豊かな森があると保水される量が増える。その一部は雨がやんでかなりたった時点でもなお流出してくる（C）

大きな森は、大きな保水力を持っているから安全!?

図6は同じ雨が降ったとして、まとまった緑のない流域と、豊かな森のある流域でハイドログラフがどのように変化するのかを例示したものです。豊かな緑のある流域のハイドログラフは、まとまった緑のないものと比べて、流出の増加がゆるやかです。さらには、ピークも低く、雨の後の減少も緩やかになっています。一定期間に流出する雨の水の総量も小さくなります。理由は、豊かな緑は大きな保水力があるからです。

専門的な話になりますが、「緑のダム

論」についても少し触れておきましょう。「大きな森は、大きな保水力を示す」ということは疑いようのない事実です。大きな森は大量の植物を抱え、深い土壌を形成して、雨の水を遮断（植物に雨水がついて蒸発することを遮断といいます）し、地下浸透させて、保水します。

しかしこの先の話も、あるのです。森を豊かにしてゆけば、雨の規模がどれだけ大きくなっても、保水力は上昇し続けるのでしょうか。結論をいえば、雨の規模が巨大化すると、どこかの段階で森が保水できる量が限界に達し（飽和し）、それ以上の雨の水は保水されることなく流出します。その限度を超えれば、深い森も保水についてはコンクリートの窪地と同様となります。

森林が深くなれば枯れ木、枯れ枝なども増え、強風による倒木も増えます。森と豪雨に関係する専門家たちの間では、今後予想される超巨大な豪雨の場合には、森の規模が大きいケースの方が、土砂災害、斜面・山自体の大規模な崩壊の危険は高くなると考えられるようになりました。

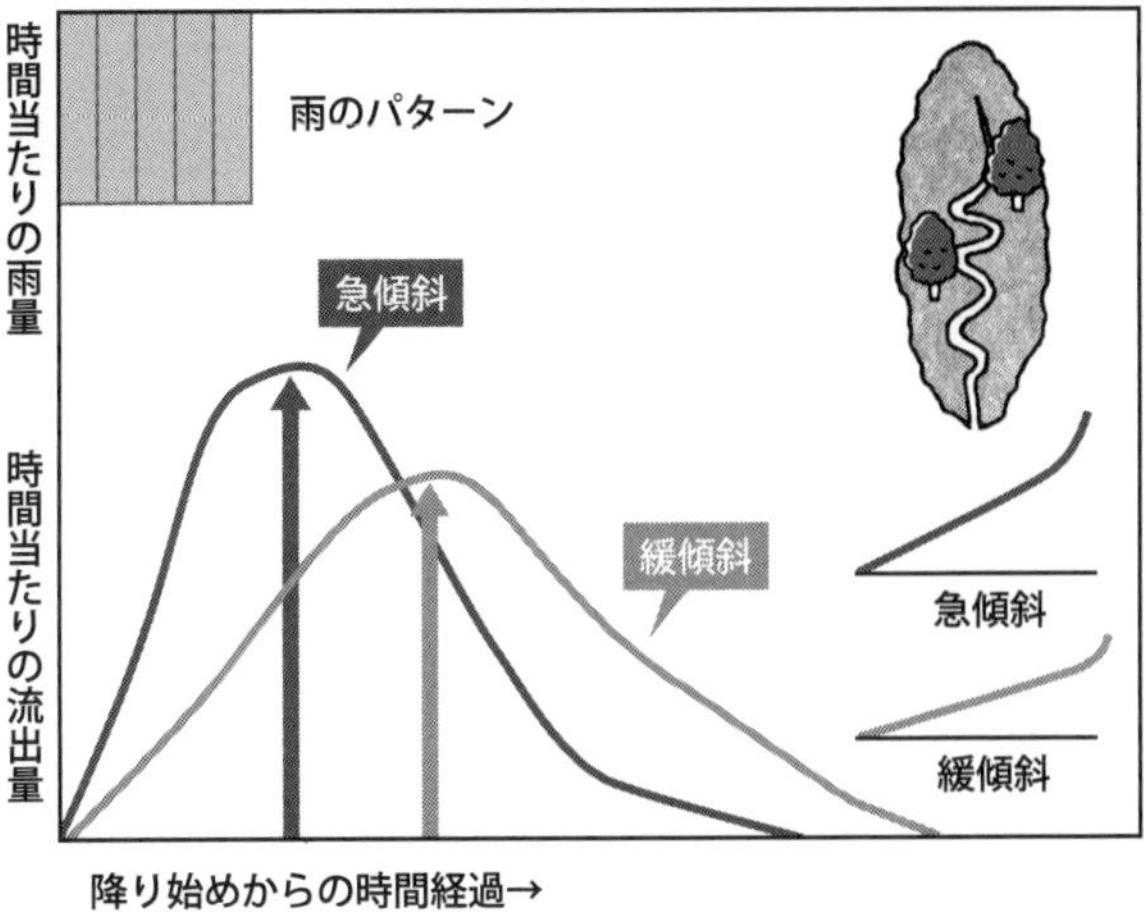

図7　急傾斜だとピークが早くくる

急傾斜の流域では

応用問題として、次は傾斜が異なる流域のハイドログラフ（図7）を考えてみましょう。

上流、中流部が急傾斜の流域では、その領域に降った雨に由来する流水（川の直接の流れだけでなく、時間遅れで流入する地下の中間流水もある）が下流に到達する時間が早くなります。下流の流域で集水された雨の水がまだ下流に留《とど》まっている間に、中流で集水された流水（場合によっては上流で集水された流水も）が下流に到達し、合流してしまうこともあります。そのような状況になれば、下流の河川の増水は通常の規模を超え、堤防を越えて大氾濫することもあるということです。

北上川、利根川、多摩川、鶴見川など、日本列島の大きな河川の流域は、山地・丘陵に源流部があります。上流・中流にも傾斜があり、下流に至って地面の傾斜が緩やかになります。下流の広い低地は、昔海だった場所が海面の低下や大地の上昇、あるいは埋立などで陸地になった領域で、河川が大きく湾曲して流れる（蛇行する）ために、さらに流れが遅くなることも普通です。

中流で集水される流域が山地・丘陵・台地となっている大河川は、下流の低地で氾濫水害を引き起こしやすいという理屈です。

流域の形と流出パターン

さらに進んで、流域の形と流出のパターンの関係も考えてみましょう。

たとえば、短冊のような流域ではなく、下手が広い三角形のような流域の場合（図8）。同じ雨が降り続いたとして、当初は量が多いが緩やかな流出が続き、それについで中流、上流から量は少ないが勢いの良い流出があるはずです。

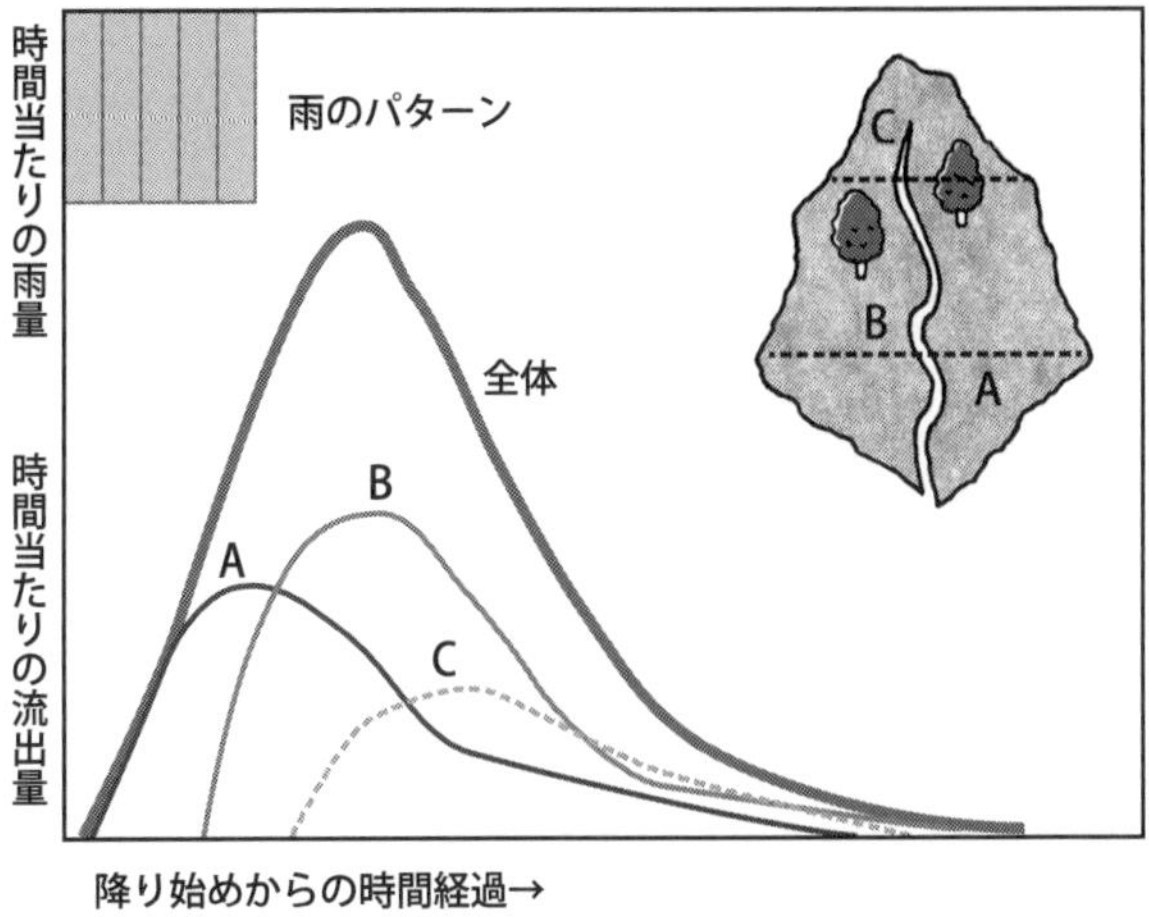

図8　中(B)上(C)流域が狭いので時間がたっても大量の流出はない

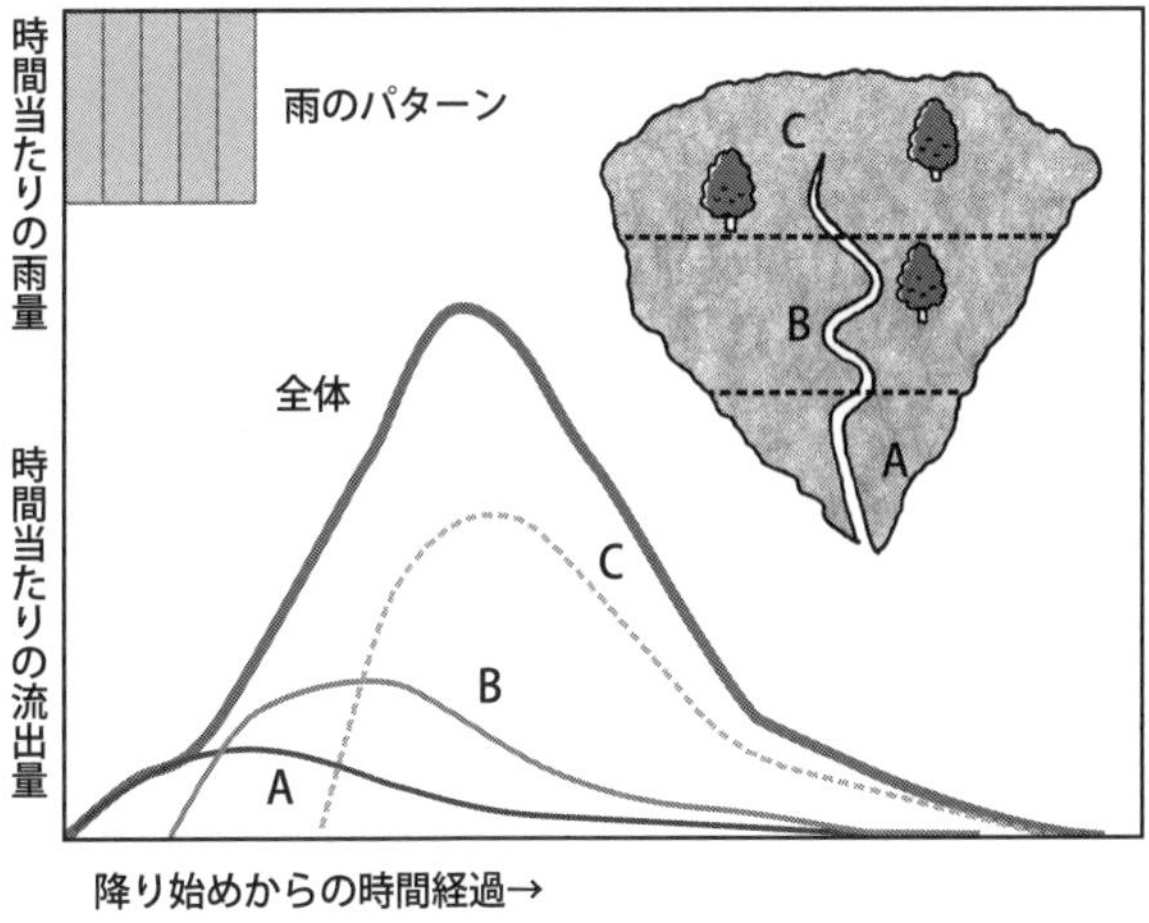

図9　下流（A）では緩やかな流れだが、時間と共に上流からの流出が大量に加わるため危険

対照的に、下手が細く、中流、上流に向かって急傾斜かつ流域の面積が広くなる逆三角型の流域（図9）では、同じ雨が流域全体に降り続いたとして、当初は量の少ない緩やかな流出があり、続いて勢いの強いかなりの量の流出があるでしょう。その後、さらに勢いの強い大量の流出があると予想されます。下流に集落や町がある場合、流域の大小にかかわらず、逆三角形の流域が危険な洪水を起こしやすいことが予想できます。

さらに複雑な形の流域で、流域の形とハイドログラフの関係を理解しておくことは、流域の大小にかかわらず有用なことです。、流域の外形、傾斜、雨のパターンなどをさまざまに想定して、思考実験を試みてください。

雨のパターンで考える

ここまでは一定の強さの雨が降り続くと仮定して考えてきました。しかし、現実の雨は時間によって降り方が変わりますので、流出のパターンも複雑になります。そこで、二つのパターンを考えてみます。

第一は、時間と共に雨の強さが増してゆき、最大に達した後、時間と共に小さくなる

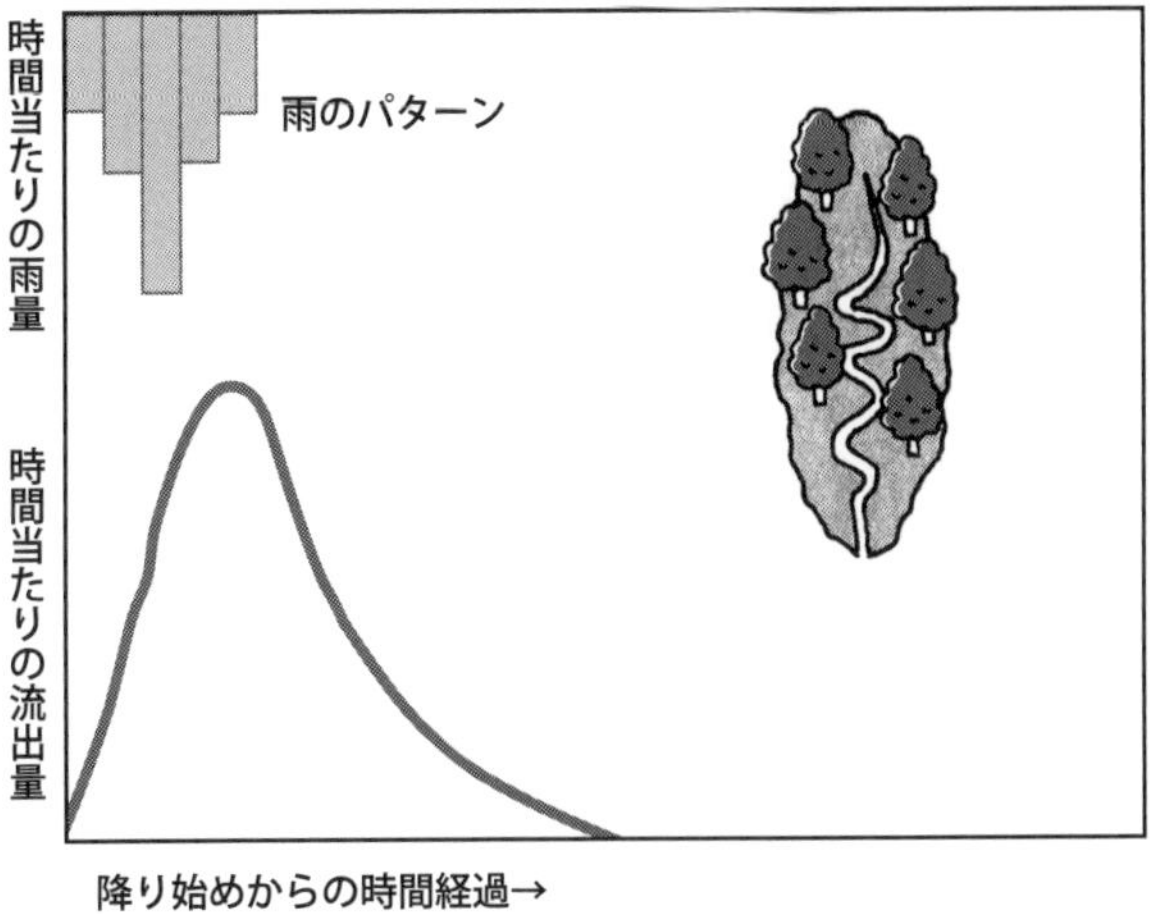

図10　時間と共に雨の強さが増し、最大に達した後で雨が弱くなる場合はベルカーブのようになる

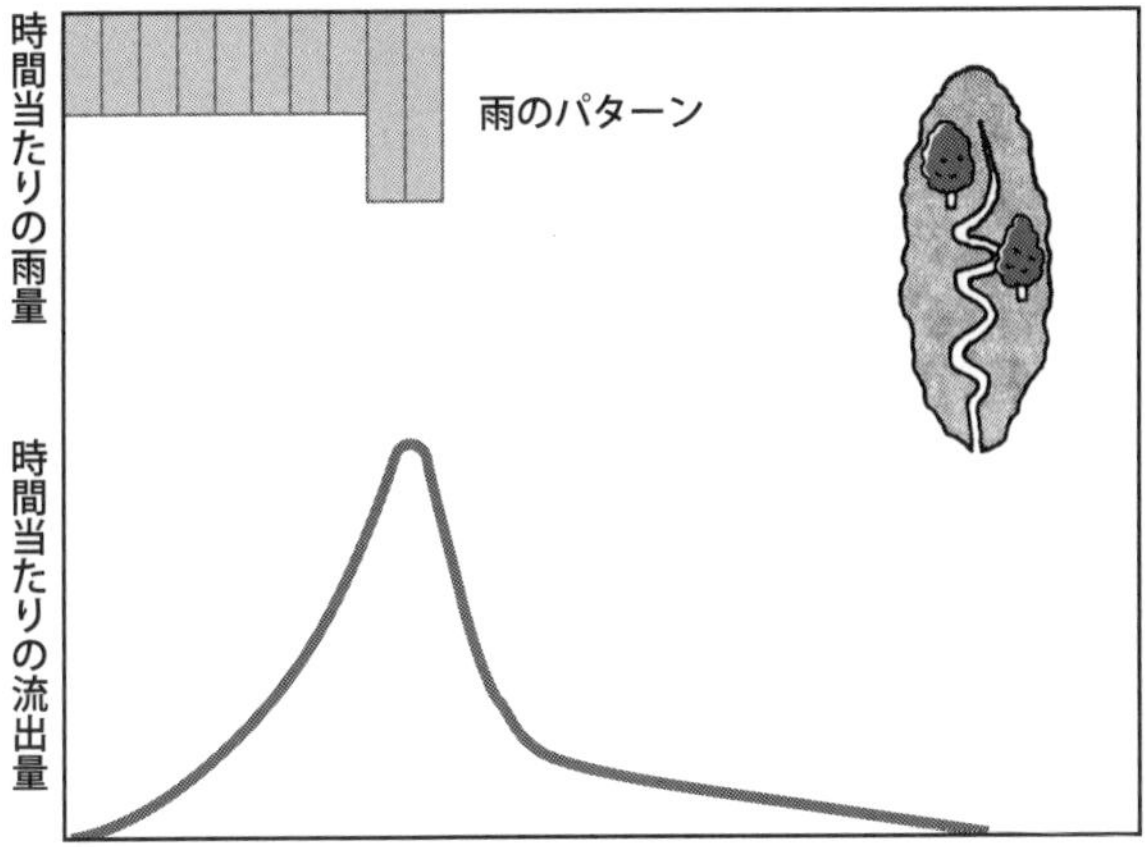

図11　線状降水帯が襲うとハイドログラフの後期に急に大出水がある

場合（図10）です。このケースでは、ハイドログラフは保水効果がなくても直線上昇にはならず、ベルカーブ（中央部に山があるようなベル型のカーブ）の形になることが予想されます。多くの雨は、このような時間パターンを示すと思われます。

第二は、長く少量の雨が続いた後に、急に激しい雨が集中的に降る場合（図11）です。近年恐れられている、線状降水帯（ほぼ同じ場所に積乱雲群が停滞する状態）と呼ばれる雨のパターンでもあります。このケースでは、前段の雨で地面への浸透（保水）が進み、有効な保水力が低減しているところへ一気に豪雨が襲うので、急激に水が下流へ流れます。準備のできていない低地帯では、短時間で大きな氾濫の危機に陥ります。

二〇一五年に鬼怒川流域を襲った線状降水帯による豪雨の例が有名です。流域全域に雨が降り続く中、鬼怒川源流の日光地域に二日間で平均六〇〇㎜に近い豪雨が襲いました。源流で形成された巨大な積乱雲が、次々に後続の積乱雲の形成を促す「バックビルディング」という現象が起きたためです。源流で集水された豪雨は、巨大な塊のような流水（洪水：大雨の時に川の中を流れている水のことを洪水と言います。氾濫も洪水と言いますが、本書では洪水と氾濫を区別しています。詳しくは63頁参照。）となって山地を流下し、鬼怒川が利根川と合流する近くの茨城県常総市の左岸地域で大氾濫を引き起こしました。面積の広い逆三角形（この場合はオタマジャクシの形）の巨大な流域に、線状降水帯の豪雨が襲った、極端な水害の事例でした。

4　流域治水の時代がやってきた

これまでに流域生態系が示す水循環の基本を学んできました。ここでは、流域地図のもとで、学んできた内容をあらためて総合的に復習したいと思います。

「流域治水」を理解するためには、個々の機能に集中するのではなく、流域生態系全体を思い浮かべながら、視覚的に考えることが重要だからです。

初級の段階では、紙に書いたモデルの流域を思い浮かべるほかありませんが、慣れてきたら足元の川の流域などを対象として、繰り返し、空想で雨を降らせて考えてみることをおすすめします。

図12に示す流域地形で考えます。雨の水を集めてA水系をつくる流域です。上流、中流流域は丘陵、下流は縄文時代には海だった低地（沖積低地）とします。流域の形は単純な短冊形に近いとしましょう。この流域全体に大きな雨が降り続いている状況をイメージしてください。ハイドログラフは増加中と考えます。

流域の上中部に降った雨は流水となって合流し、斜面を下って低地へ辿《たど》り着き、次第に減速します。雨が強ければ、低地の緩やかな流れでは海への排水が速やかには進まず、洪水（大雨の時の川の水）は下流域で平常時の川幅を越えて広がり、氾濫状態（外水氾濫）となるでしょう。

低地に降って川に排水できずにいる雨水のことを内水といいます。流域が豪雨に襲われている場合は、排水機能が限界に達して内水もまた氾濫していると考えられるので、下流周囲の低地は、内水と外水の合わさった大氾濫になる可能性があります。

雨がやみ、流れが穏やかになれば、やがて低地の氾濫水は水路を通して川に排水され、間もなく平常時の水系の姿に戻ってゆきます。豪雨を受けた流域が、雨の水を流水に変え、合流、氾濫、排水される様子を想像できたでしょうか。

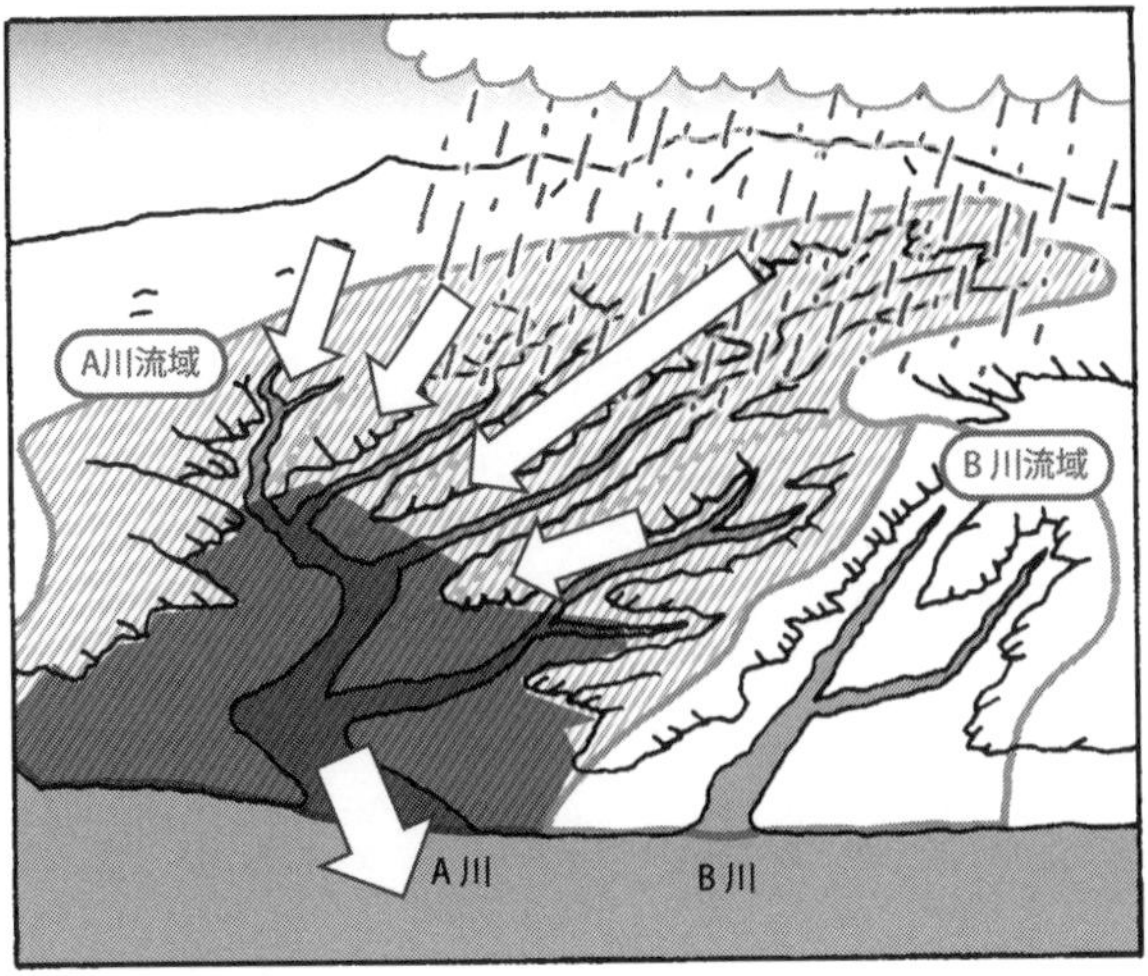

図12　豪雨で保水・遊水力が限界に達し、流下・排水が間に合わなければ氾濫する

この過程で、丘陵の緑や田畑が保水し、中流の川辺の田んぼが遊水機能を発揮して、それでも超豪雨なら大氾濫が起きてしまうような状況も想像できたでしょうか。

上流部の豪雨が特に激しい場合、上流の斜面地で大規模な浸食が起きて、土砂災害が発生したり、激流に運搬される土砂が流速の落ちる中流で堆積して洪水の水位を上げてしまい、下流ではなく中流で大氾濫が起きることもあると、想像できたでしょうか。そこまでできるようになれば、かなり理解が進んだ証拠です。

水害と治水

以上の状況は、自然の流域が示す「自然が起こす現象」を想定したものです。現実の流域には、川辺の土地に人の暮らしがありますので、それらを破壊するような氾濫は水害となり、防止し、緩和すべき必要があります。大量の雨が降っても、低地の人の暮らしが水害を被らないようにする事業のことをわたしたちは「**治水**」と呼んでいます。家屋の土台を高くしたり、その周囲を土手で囲んだりして水の侵入を防ぐことも治水方策です。

河川の構造を変化させる治水では、川の幅を広くし、深さをつけて、流下する水の高さを抑えることで氾濫を抑制します。あるいは、頑強な土手を造って洪水を川の領域（河川区域）に封じ込めたり、河川を直線状に改修したりして流下速度を上げる方法などがあります。ダムをつくり、川の中の洪水を貯留すること、流域の傾斜地にたくさんの池をつくったり、田んぼを利用したりして保水する工夫も治水です。土手を越えて、あるいは、土手の切れ目などからあふれて川の外に流れ出す洪水を、川の脇で一時貯留する遊水空間を設けるという方式もあります。水源地域の森の手入れを進めて、保水力の高い森林を整備することも、もちろん治水の大きな工夫の一つです。

自然排水の難しい低地地域の氾濫水（内水）の処理は、河川ではなく下水道のメカニズムで対応されることが一般的です。氾濫する可能性のある内水は、側溝などを通して集水されて川に排水されたり、ポンプ場経由で川に排水されたり、あるいは地下の貯留槽に溜《た》められ、洪水が去った後、川や海へと排水されてゆきます。

下流の大氾濫を防ぐ、あるいは緩和するための工夫は、標高の高い流域上流部、中流部、下流の低地地域それぞれに存在するということです。これらを総合的に活用する治水方式を「流域治水」と呼ぶのであれば、そもそも治水は「流域治水」以外にあり得ません。当然のことなのです。

なぜ流域治水へと大転換したのか

それでは、なぜ二〇二〇年七月に日本は流域治水への転換を表明したのでしょうか。明治以降の治水政策の大転換と評価される理由は何なのでしょうか。それは、明治以降の日本の治水が、専門的で大規模な技術に頼る治水を追求してきた事情と関係があります。

近代・現代の治水は、雨の水の集まる河川、下水道という構造を効率的、合理的に改造、管理し、低地での氾濫を抑えてゆくという道を追求してきました。この考えに沿って大水害を抑えるための法律は基本が二つ。

一つは、河川法です。自然公物である河川を利水、治水、環境保全を目標として計画的に整備し、管理することを行政に義務付ける法律です。流下を阻害する大きな蛇行を直線化する、河川の幅を広げ、浚渫《しゅんせつ》（底面をさらって、土砂を取り去る土木工事）をする、

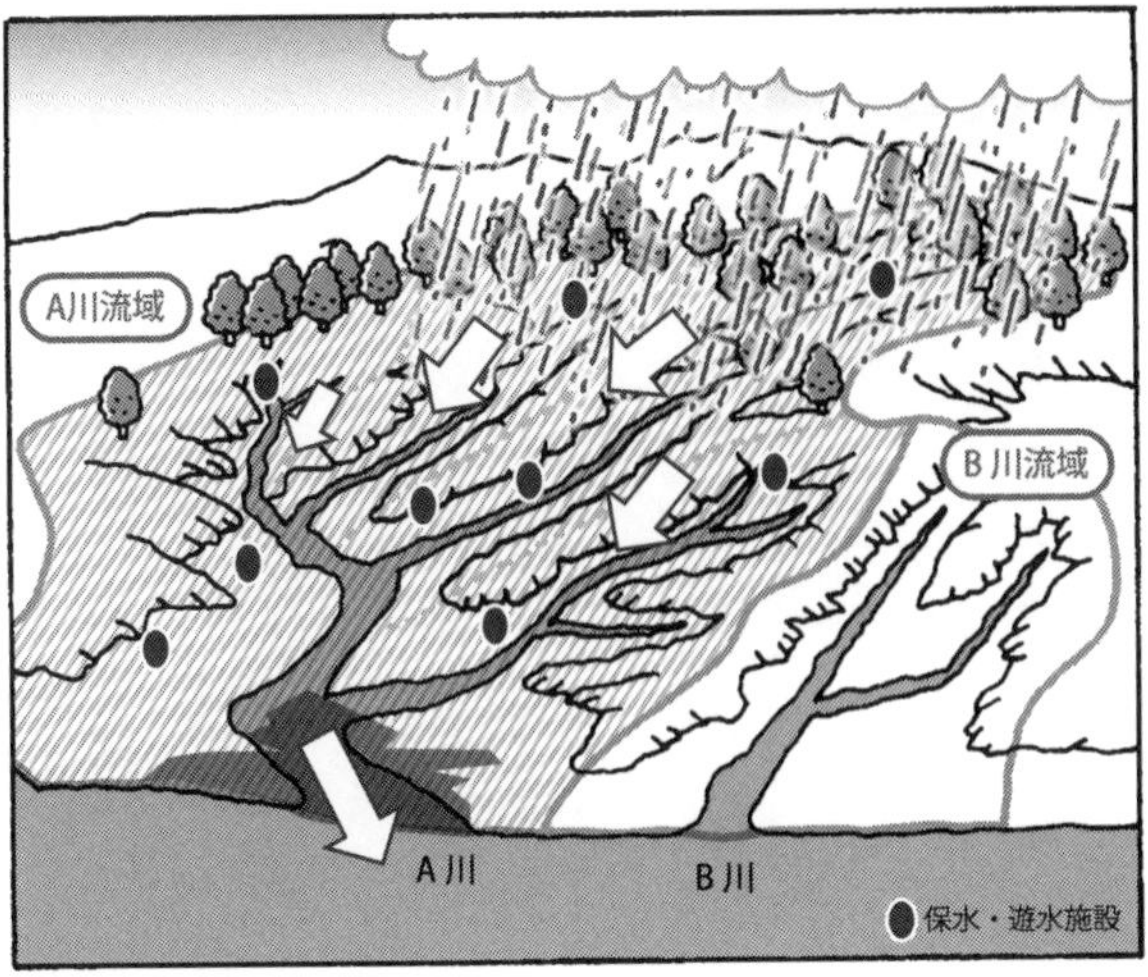

図13　豪雨でも、緑の保全や保水・遊水施設の設置などで流出が抑えられ、河川の流下・排水能力が十分なら外水氾濫は抑えられる＝総合治水＝流域治水

土手を大きく強靭《きょうじん》にし、ダムを作り、遊水地なども工夫する。そのような事業が、河川整備事業として予算付けされ、計画的に推進されています。整備の最大の目的が治水なのです。

もう一つは、下水道法です。都市に張り巡らされている下水管を利用し、生活雑排水やトイレの排水を集め、下水処理場で処理を進める法律です。実は、同時に地下・地上両方の下水路を整備し、街に降った雨をポンプ場経由で安全に川や海へ排水したり、地下の巨大なダムのような施設（雨水貯留管など）に貯留したりする仕事もまた、下水道法の管理するところなのです。

二つの法律に基づく行政事業が順調に進めば、流域生態系の集水する雨の水が、大規模な水害をもたらす危険性は、流域各地における複雑で小規模な工夫に頼らずとも、次第に緩和してゆくことができると期待されてきたのでした。

しかし、今になってその期待を果たすことに困難が見えてきたのです。河川事業も下水道事業も奮闘しているものの、都市開発の速度や規模が大きくなり、また、雨の降り方などが変わって、豪雨が頻発するようになりました。河川法、下水道法による整備・

管理がどれだけ力を入れても、限界が見えてきたということなのです。

そこで流域治水です。流域生態系が提供できるさまざまな治水効果、河川整備や下水道整備とは別の工夫で進めることができる多様多彩な治水の工夫を、現代の視点からあらためて総合的に活用する。河川、下水道の努力を応援し、流域生態系のあらゆる機能をあらためて利用、応用して流域全体の工夫で豪雨時代の治水を進めてゆく。それが二〇二〇年七月にスタートした流域治水です。

あふれさせる治水とは

流域治水については、しばしば「あふれさせる治水」が、強調されています。

豪雨の洪水を土手で区切られた河川の枠に閉じ込める方法だけにこだわらず、場合によっては、計画的かつ緩やかに越流させ、あるいは土手の切れ目から意図的に氾濫させて周囲の低地帯（河川区域に指定する遊水地だけでなく、水田等に）へ穏やかに浸水させ遊水効果を上げる方式を、「あふれさせる治水」と表現します。

河川整備をやめ、ダムづくりもやめて、代わりに中上流で「あふれさせ」て下流を守ることが新しい治水、というわけではありません。「あふれさせる治水」は、あくまでも流域治水における工夫の一つということです。

〈コラム〉

大事な河川用語について解説します。

流域という日本語について

雨の水をあつめる大地の領域、という意味で使用される〈流域〉という用語は、日本の言語文化にとってかなり新しい用語のようです。義務教育ではこれまできちんと定義されて教育されたことはないはずです。国語辞典を引くと、「川の周りの低地」などという定義が筆頭にでてくることもあります。二〇二〇年、国が流域治水を提示して、これからようやく教育や日常用語の世界に広がり始める言葉でしょう。似た言葉に、集水域があります。集水される水が雨水なら、集水域は流域と意味が同じです。

操作的に使用されることが多いので、集められる水は、雨の水でなくても使用できる点が、流域と少しニュアンスが違いそうです。水系という言葉もあります。川の周りの帯状の土地のことを流域と定義する場合、水系という言葉で流域を指すこともあるので注意が必要ですが、今後は、どんどん整理されてゆくでしょう。さらに似た言葉に、「森・川・里」などという表現もあります。「森・川・里・海」とか、「森・川・里・まち」とかいう表現もありますね。行政区の枠組みで考えているのなら、単に、異なる生態系区分を羅列しているだけですが、時に、この表現で、実は流域を示唆する議論が展開されていることもあるので、注意が必要です。しかし、要素的な生態系区分、景観区分をどれだけつないでも、流域にはなりませんので、流域を論じたいのなら、まず流域をきめ、XX流域の、森と川と里と街、などと明示してゆくのが流域治水時代の使用法になってゆくかもしれません。なお、専門領域等で使用する場合、流域に区分をつけて、河川流域、湖沼流域、湾岸流域、亜流域、小流域、都市流域など、さまざまに使用することができます。

流域の英語について

雨の水を集水して水系を作る流域を、英語でいうとどうなるでしょう。伝統的な表現は、basin、river basin かもしれません。Amazon Basin、Mississippi Basin などと、川の名前をつけて使用するのが普通です。basin は、窪地《くぼ》、というくらいの語感でしょうか。日本語の集水域に相当する英語は、drainage area といいます。日本語と全く同様、地理的な構造を特に意識せずに、必要に応じて自在に使える用語です。chatchment も集水域の意味で使用されます。現在世界で最も普通に使われだしているのは、watershed という表現です。雨の水を集める地形なら、微小地形でも、Amazon や Mississippi の巨大流域でも、区別なく使える言葉です。ただし、歴史的にみると、かなり注意も必要です。古い英語、場合によっては現在でもイギリスの影響の強い英語では、watershed は、流域ではなく、流域を区切る分水界という意味で使用されるからです。分水界を境に世界が変わるという理解から派生して、watershed には転換点という意味もあります。watershed of politics といえば、政治の流域ではなく、もちろん政治の転換点という意味です。英語を使用する会話の場面では、アメリカ風の定義と、イギリス風の定義が混乱して、専門家どうしでもまだ大騒ぎになることがあるのです。watershedという英語が流域という意味で広く使われだしたのは一九七〇年代のアメリカです。その使用法が、国際機関などをとおして、いま、世界的な用語になりつつある途上とでも言っておくのが良いかもしれません。

河川・水系・流域

流域思考を理解するための基本三用語です。行政が使用する場合の意味をしっかり理解しておく必要があります。行政的にいう河川（river）は、始まりがあっておしまいがある一本の水の流れを指します。始まりとおしまい（河口）は行政的に決まるので、見た目の始点、終点とはずれているのも普通。始点から終点まで同じなまえで呼ぶのが普通ですが、奈良県は吉野川、和歌山県内は紀の川のように行政境で名前の変わる川もあります。そんな川が、本流、支流と区分され、大地に横たわる樹木のような模様になっている姿を、水系、といいます。本流に指定されている川の名前をとって、鶴見川水系、多摩川水系、北上川水系のように呼ばれるのが普通。すべての河川、水系に対応して、雨の水をその水系の流れに変換する流域（雨の水をその水系、河川に集める大地の領域）が定義できます。本流河口で流域を定義すれば全体水系の流域と同じというのは自明ですね。水系の合流点でそれぞれの支流の流域を定義すれば、全体流域は、理論的には支流流域群のジグソーパズルのような入れ子構造になっていることも理解できるでしょう（図1参照）。見た目の川と法律上の川の相違も重要です。川らしい流れは、日本列島に数十万本あるはずですが、そのうち、河川法という法律で管理の対象とされているのは、一級河川約一・四万本、二級河川約七千本、準用河川約一・四万本の約三・五万本。一級河川は国が管理する建前の川ですが、指定区間という形式で都道府県、政令指定都市なども管理の主体になります。二級河川は都道府県管理。準用河川は自治体管理。行政用語に普通河川という呼称もありますが、これは、河川法では管理する必要のない小さな川（河川法上は川ではない川）のことです。自治体によっては河川管理を担当する部所がないので、かなりのサイズの流れを、雨水路あるいは雨水幹線などという名称で、下水道法で管理することもあります。これらが組み合わさって水系が定義されます。本流が一級水系の水系は全国に一〇九水系。

一級水系の中には一級河川、準用河川、普通河川、雨水路、無名の流れが含まれますが、二級河川は含まれません。二級水系、準用河川水系、自然の存在としては普通河川水系、雨水路水系というのも、あることになりますね。一本の流れでも下流、中流、上流で法律的な位置づけ(ランク)がことなる場合もありますので、河川の区分、管理は、とても複雑なのです。

洪水

とても一般的ですが、実は複雑な意味をもつ言葉です。一般用語では、河川が氾濫している状態を洪水と表現するのが普通ですが、実は、専門領域では、氾濫していなくても、大雨で流域から川に流入し、流下する大きな流れのことも、洪水と呼ぶのです。専門的にいえば、洪水を安全に川の中で流すのが河川整備の仕事、という表現で正解なのです。洪水を安全に流すというのは、一般市民には理解しがたいものですが、専門用語の使用法として通用しているのでしかたがありません。洪水を英語でいうとfloodですが、英語のこの言葉も、日本語の場合と全く同様、二つの意味で使用されます。混乱をさけるには、川の水が川の外に広がるばあいは、氾濫（inundation）と表現すればいいだけですが、徹底できていません。ちなみに、川の水が土手を越えて川の外にでる氾濫のことを、外水氾濫といいます。川は、街の外にあるというのが、専門的な理解なので、川の水は外水、というからです。他方、町に降った雨が川に排除できずにたまって、氾濫する状況は、内水氾濫といいます。町は川の内側というのが、専門的な理解ですので、こう呼びます。さらにいうと、氾濫は自然現象なので、それ自体、善悪の意味はありません。氾濫が、人の暮らしに被害を与える場合は、水害（water disaster）とよばれます。これを徹底するのなら、外水氾濫水害、内水氾濫水害、などという表現があってよさそうですが、使用例があるのかどうか。

第二章　鶴見川流域で行われてきた総合治水

1　鶴見川流域では流域治水が一九八〇年から

鶴見川はどんな川？

東京都町田市から神奈川県横浜市鶴見区にかけて、多摩川の南側を並走する、小ぶりな一級水系鶴見川《つるみ》（水系）は、一九八〇年、「**総合治水**」という名称で、全国一〇九の一級水系で唯一、流域治水型の治水をスタートさせた都市河川です。

JR線や京浜急行線なら川崎駅と鶴見駅の中間点で鉄橋が横切る川。東急東横線なら、綱島《つなしま》駅と大倉山駅の中間で鉄橋が渡る川。東急田園都市線なら、市が尾駅と青葉台駅の間で鉄橋が横切る左右に農地の広がる川。小田急電鉄小田原線なら、鶴川駅のすぐ南を流れる川。それが鶴見川水系の本流です。

本流である一級河川・鶴見川は、東京都町田市・多摩市、八王子市の三市が境界を接する標高一六〇mほどの多摩丘陵の森に発し、町田市、川崎市の一部、そして横浜市を流下して、横浜市鶴見区生麦で東京湾に注いでいます。

一級河川として河川法で管理されている本流の流路延長はマラソンコースとほぼ同じ四二・五㎞。生麦の河口に雨の水を送り込む流域は、面積二三五㎢。東京都町田市の過半、稲城《いなぎ》市の一部、川崎市、横浜市の大市街地を含み、流域人口はすでに二〇〇万人近くに達する典型的な都市の流域です（図14）。

図16に、流域と水系の概略図を示しておきました。分水界で区切られる流域は、斜め左後ろから見た動物のバクに似ている（図15）ので、「**バクの流域**」と呼ばれ、流域市民や、河川管理に関わる行政のマスコットになっています。わたしたちの国では、バクは「悪い夢を食べ、良い夢だけを人々に残してくれる動物」という伝承があります。関係者の努力で治水安全度を上げて、安全・安心な流域をつくり出そうという希望を担ったマスコットです。

そのバクの流域は、全国一〇九の一級水系の中で四番目に小さな規模なのですが、日

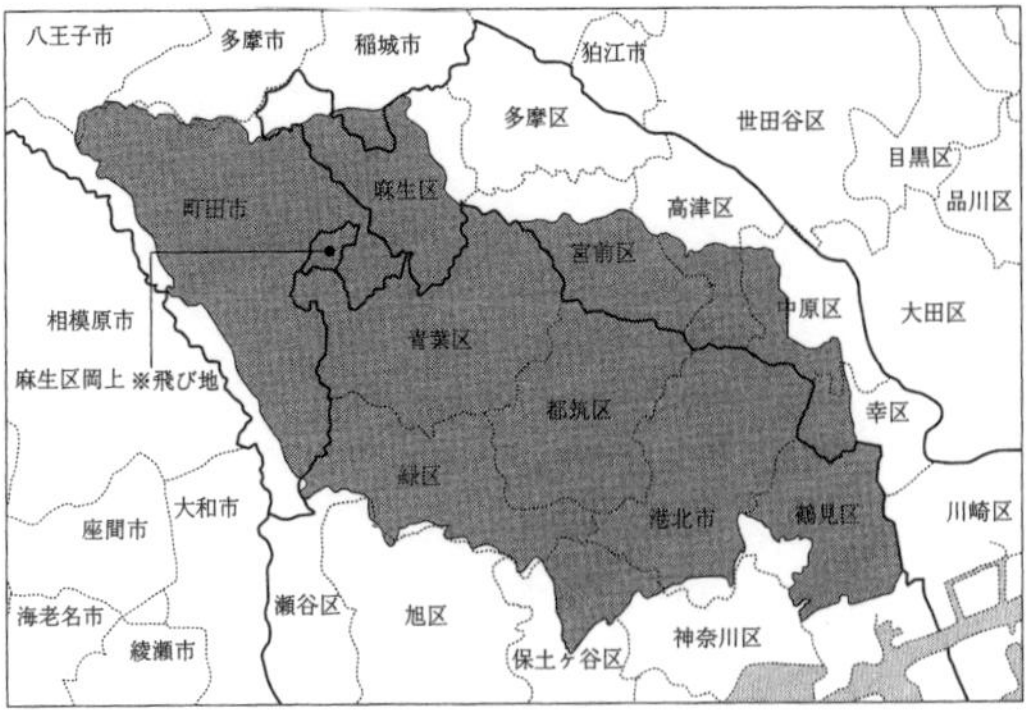

図14　鶴見川の流域は多くの市町にまたがっている

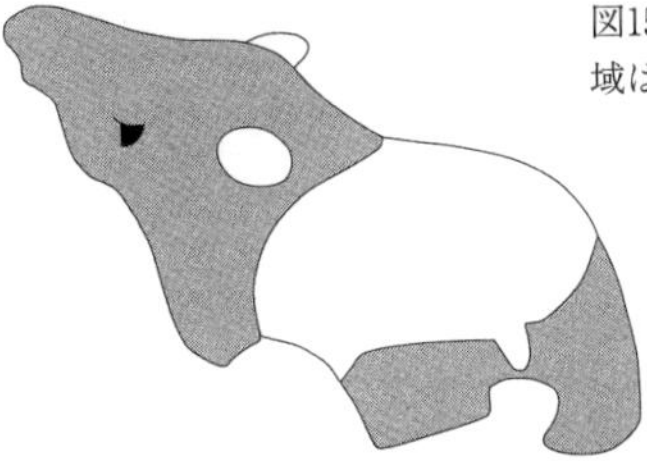

図15　鶴見川流域はバクの形

図16　鶴見川水系の全体図

本の治水対策の領域で、特別に注目されてきた名うての暴れ川の流域でもありました。

水災害の歴史

鶴見川の大氾濫は、江戸時代から知られ、明治以降、何度も激しい水害を引き起こしてきました。戦後に限って言えば、一九五八年の狩野川《かのがわ》台風による大水災害を筆頭に、六六年、七六年、七七年、八二年と、中下流域を激しく襲う大水害が五回にわたり続きました。局所的な地域における規模の小さな氾濫は、記録に残されもせず、ほぼ常習的だったといっても過言ではありません。鶴見川の河口周辺、さらにその海側の埋立地には、日本の産業革命の拠点となった京浜工業地帯が広がっていることから、その被害は甚大なものでした。

一九五八年の狩野川台風の豪雨による氾濫では、中下流域を中心に、二万件が浸水被害を受けました（床上・床下浸水）。六六年の梅雨の台風四号では、一・九万件。この年の水害被害を受けて、建設省（現・国土交通省）は、翌年、鶴見川を一級河川に指定し、本格的な河川整備に乗り出しました。以後、鶴見川はさらに七六年、七七年、八二年と数千件規模の浸水被害を出したのです。

一九四九〜八五年まで、わたしは下流、横浜市鶴見区の鶴見川左岸の川辺の町に暮らし、ここに挙げたすべての水害を被災しています。

五八年、六六年の台風では、まだ平屋がほとんどだった河口の町は、地域の全域が浸水し、わたしの暮らしていた自宅周辺地域は、あたり一面がまるで海のような光景となりました。下水道もまだ十分に完備されていない時代でしたので、氾濫の引いた後の町は数週間にわたり、糞尿《ふんにょう》と消毒薬の臭気に悩まされる悲惨な世界となったものです。

七六年、七七年の水害は、中流域が大きな被害に遭いました。下流の町の水害が小規模だったのは、中流部の氾濫が下流に到達する洪水を減衰させたことも一因だったかもしれません。そして八二年には、下流の町はまたもや海のような光景となりました、
六六年の激甚水害を経験したわたしの町には、すでに二階建ての家屋が増え、下水道も整備されていたため、以前に比べると冷静な対応だったものの、水没後の家財処理はなお悲惨なものでした。いのちや疾病に及ぼした危機は言うまでもなく、住宅、商店だけでなく、京浜工業地帯後背の工業群や、鉄道、道路などに甚大な経済的被害を与えた

はずです。

一九八二年の大水害以後、鶴見川の流域は大きな水害におそわれることなく、現在にいたっています。豪雨が降らなくなったわけではありません。河川法、下水道法による治水対策の枠を超えて、流域で治水を実行する、鶴見川型の流域治水、鶴見川流域総合治水という治水対策の、成果なのです。鶴見川流域総合治水対策の歴史を、以下、お話ししてゆきましょう。

地形・水系の特徴

鶴見川の流域が大きな水害を多発させた理由の一部は、流域の構造にあります。つまり、地形と水系の特徴です。まずは基礎から確認しておきましょう（図17）。

鶴見川の流域は、多摩三浦丘陵と呼ばれる大きな丘陵地の中央部に位置しています。羽田で東京湾に注ぐ一級河川・多摩川と、片瀬川という名前に変わって江の島付近で相模湾にそそぐ二級河川・境川に挟まれ、関東山地と城ヶ島を結ぶ延長七〇㎞ほどの丘陵を、一九八七年、わたしは「多摩三浦丘陵」と呼ぶことにしました。

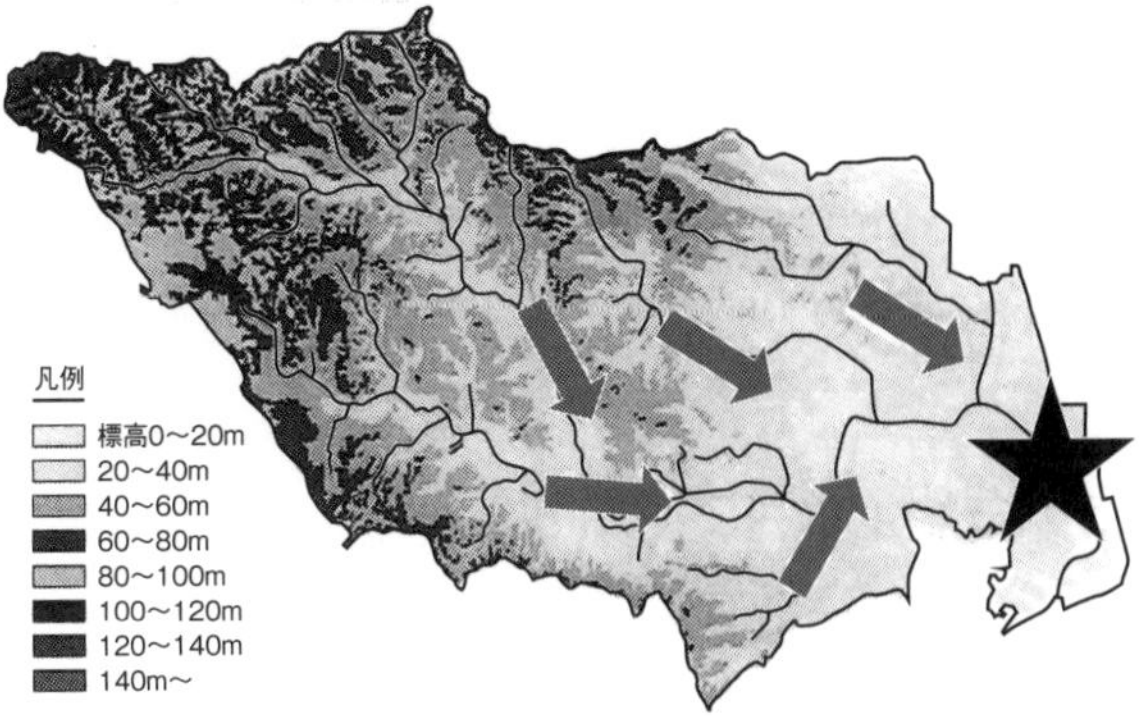

図17　上・中流の丘陵地に豪雨が降ると下流の低地で氾濫する

この丘陵を関東山地から辿《たど》ると、まずは標高一〇〇mを超える多摩丘陵一面、それに続いて標高五〇mほどに至る多摩丘陵二面、さらにその下手には下末吉台地と呼ばれる基本地形が広がって、横浜市南部に達しています。その先は、横浜市・円海山を境に山地性の地形の卓越する三浦半島。この一連の地形の中心部に広がる多摩一面、多摩二面、そして下末吉台地という丘陵・台地を内側からバクの形に刻んでいるのが鶴見川の流域なのです。流域の上部、中部、全体の七〇%がこれらの地形の斜面地となっています。残る三〇%は、本流中流部から川沿いに広がり、下流部で流域の全幅に広がる沖積低地です。六五〇〇年前の縄文海進の時代には、浅い海と干潟だった領域。全域がほぼ標高七m以下の低地地域。豪雨時には、雨の水を自然排水しにくい低地地域なのです。

流域に豪雨が降れば、集水された雨水は丘陵・台地の領域を駆け下り、傾斜の緩い沖積低地に至って、川幅を越えて大氾濫を引き起こします。

低地を流れる下流部の鶴見川は、河口から一三kmほどの区間にわたり、海の干満の影響を受ける河川（感潮河川と言います）です。上げ潮時には、河口から上流に向かって川は逆流し、水位を上昇させます。その時に丘陵台地から豪雨の洪水が流下すれば、氾濫はさらに大きなものになります。

鶴見川の流域は、さらに下流部の流れにおける大蛇行という特徴が加わります。下流部の各所に下末吉台地の岩盤を抱える帯のような台地が延びているため、鶴見川の流れは丘陵の根にあたるたびに大きく流路を曲げられて、大蛇行を繰り返します。この蛇行が、川の流れを阻害して、丘陵台地から駆け下る洪水の速度を落とし、土砂堆積を促進し、海への排水を遅延させ、さらに氾濫を大きくするのです。

余談ですが、鶴見川という名称の「つるみ」はおそらく「つるむ」という意味、つまり、蛇行する＝曲がりくねる＝つる草のように「つるむ」なのだと推量されます。鶴見川下流の町の小学生だった頃、先生から「鶴見川は、川のほとりにたくさんの鶴が舞い降りたから鶴見川」と習ったのですが、江戸時代には全国各地に舞い降りていたはずなので、それであれば日本中の川が鶴見川になっているはずだと気付いたのは、それからずっと後になってからでした。

流域の七割を占める丘陵・台地、その下に広がる三割の低地、そこで大蛇行する下流の流れ。これらが相まって鶴見川流域は、集水する豪雨の水を下流部で大氾濫させやすい構造を、そもそも流域地形の基本構造として備えているのです。

江戸の昔、現在の港北区綱島付近に広がる水田地帯は、大蛇行する下流部の度重なる水害で苦悶《くもん》していました。幕末の頃、地域の名主（南綱島の池谷家《いけのや》）のご当主が中流部、今の新横浜付近から横浜港に放水路を開削（土地を切り開いて道路や運河などを通すこと）してほしい旨、幕府に直訴し、伝馬町に収監されたという伝承も残されています。

土地利用の変化でさらに被害が拡大

地形・水系の特性から中下流部で大災害を起こしやすかった鶴見川流域に、明治以降さらなる治水の危機が襲ったのは、流域の土地利用の変化が主因でした。特に、戦後復興の時代、鶴見川流域における急激な市街化の拡大が治水危機の何よりの大きな要因となったのです。

一九五〇年代末から、鶴見川流域の土地利用がどのように変遷してきたのか、簡単な図（図18）で見てみましょう。詳細はおき、住宅・商工業による市街地利用か、雑木林・田畑の広がる農業的な土地利用か、その二つの区分で整理します。

一九五八年、鶴見川流域の市街地率は一〇％と記録されています。流域のほとんどは田園風景で、上中流部で当時市街化されていたのは、鶴川、玉川学園周辺、長津田、中山周辺のみ。密集市街地のほとんどは、下流域の横浜市鶴見区、川崎市幸区の一帯に広がっていました。重厚長大といわれた重工業時代の京浜工業地帯が流域下手の埋立地に展開していた鶴見川流域は、その下流部（わたしが育った地域）に、全国から多数の労働者が集まり、住商工混在の市街地が形成されていました。

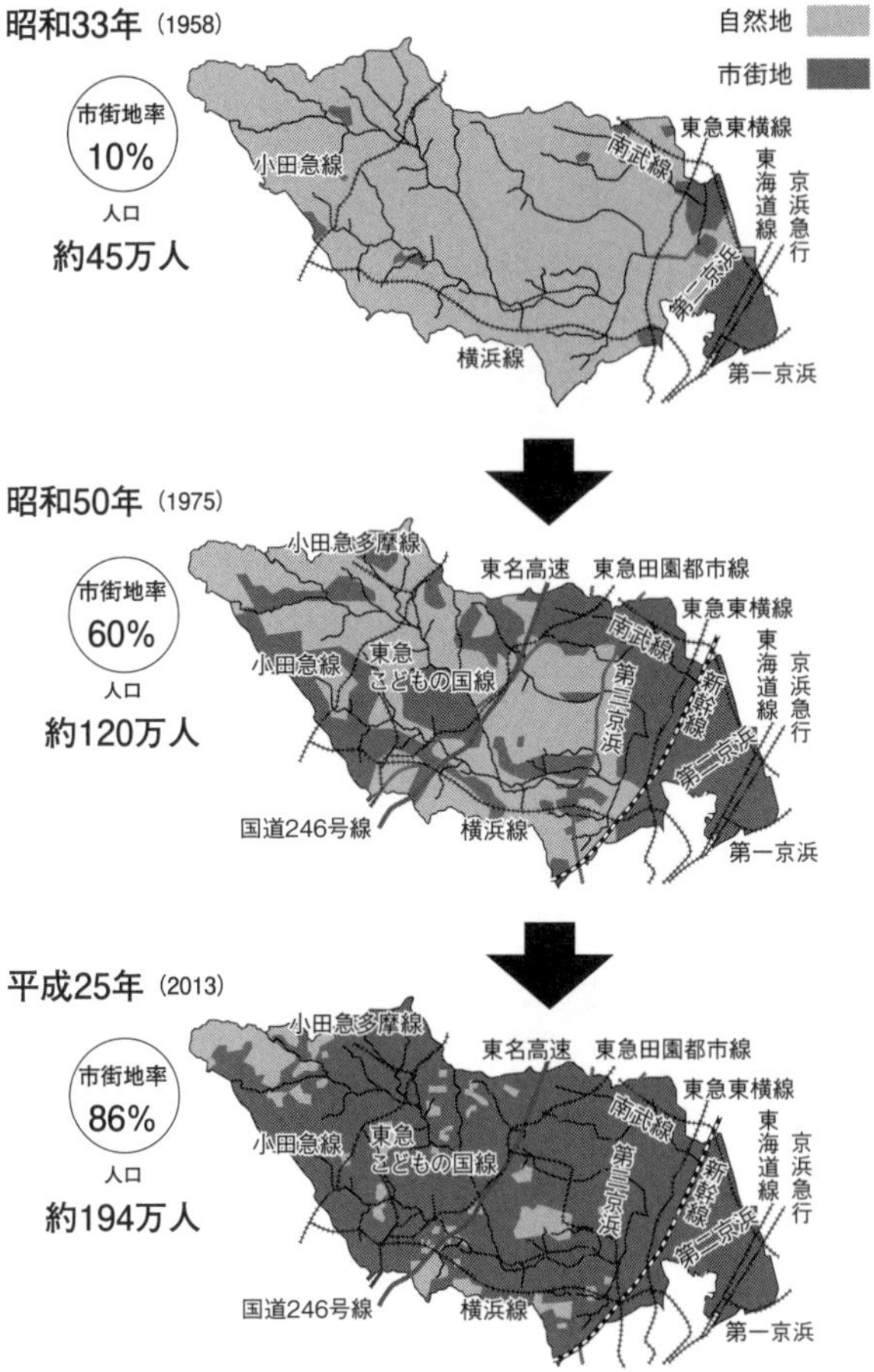

図18　鶴見川流域における急激な市街地化

流域の九〇％が田畑と雑木林の農業地域であったにもかかわらず、一九五八年、その地域で二万件が水没する狩野川台風の大水害が発生しました。戦後に限れば、いまだに記録が更新されていない豪雨（流域平均二日間雨量三四三㎜）が流域を襲い、密集する下流の都市域が被害に遭いました。

小学五年生だったわたしは、水害の状況を含めて下流域のランドスケープのことをよく覚えています。河口から五㎞も上流に向かえば、鶴見川の両岸は見渡す限りの水田地帯。広大な自然の遊水地帯が広がる自然河川の風景でした。この水田地帯が膨大な流下水を遊水したにもかかわらず、下流都市域に甚大な氾濫被害が集中したのです。

七五年、流域の市街地率は一挙に六〇％に跳ね上がりました。東京オリンピックのあった六四年前後から、鶴見川流域では、源流、上流、中流を問わず、激しいベッドタウン開発が進み、中・上流の丘陵・台地にひろがっていた田園地帯はまたたく間に市街地へと変わっていきました。この状況を受け、六六年、七六年、七七年の大水害が発生しています。

六六年の梅雨の大水害時、わたしは大学一年生。床上浸水の悲惨な被災をした自宅は、父の木型工場も居住空間も全水没し、一家は途方に暮れる状況となりました。この水害を受け、地域では急速に二階建てへの改修が進みました。

六〇年代に入り、東急田園都市線沿線、町田市で一気に住宅開発が進んだことにより、河口から五〜一〇kmの田園が急速に町へと変わりました。七〇年代には、本流中流部東側の丘陵地の過半を対象とする港北ニュータウンの構想による大開発が進み、市街地率はさらに高まります。二〇〇〇年にはついに八五%を超え、現在では八七%近くにまで及んでいるはずです。

この激しい市街化に伴う保水・遊水力の急速かつ大規模な低下こそ、戦後の鶴見川流域に大水害をもたらした主因なのです。

いち早く「流域思考」で新しい治水に取り組む

七五年、水害の多発する鶴見川を管理する建設省京浜河川事務所に新任の所長として近藤徹さんが着任しました。近藤さんは、大規模水害の多発する流域開発の状況を放置すれば、近い将来、鶴見川流域の水害の規模はさらに拡大してゆくと見通して、河川法・下水道法に頼りきりの整備計画では、もはや限界と判断し、流域の自治体に呼びかけて、一九七六年「鶴見川流域水防災計画委員会」という組織を立ち上げました。

その委員会では、継続する激しい都市化による保水力・遊水力の減少によって、豪雨時に流域から集水される洪水の量がどのように増加してゆくか、理論的な検討もすすめ（その委員会で検討されたハイドログラフによる予測は、後述します）、河川法・下水道法による事業の促進に加え、関連する自治体の総合的な協力によって、流域の緑を守り、流域に多数の雨水調整施設を工夫する、流域思考の新しい治水方式の検討がすすめられたのでした。

委員会の検討が本格化した直後の七六年、さしたる豪雨でもなかった雨で、鶴見川中流域は大氾濫を起こし、三九四〇戸が床上・床下浸水する事態となったのでした。その折の洪水の流量が予想をはるかに超える規模だったことが危機を決定的に証明したようです。

これを契機に、「総合治水」という名称で、流域治水の検討が本格化しました。七九年、国の河川審議会の審議を経て、河川対策、下水道対策に加え、緑、水田、開発に伴う雨水調整池の配置など、流域対策を体系的に組み合わせた総合治水対策が国の方針となり、事務次官通達として発進されることになりました。八〇年、その第一号の指定河川・流域となったのが、鶴見川水系だったのです。今年二〇二一年、鶴見川は総合治水という名前の流域治水四一周年を迎えています。

以下、この対策がどのような流域構造、流域の危機に対応して工夫されたものか四〇年の工夫と成果と課題も含めて紹介してゆきます。

総合治水対策という名の流域治水

市街地化の進展が、保水力・遊水力の激減を伴うことは当然予想される事態です。鶴見川流域では、「鶴見川流域水防災計画委員会」がこれを予想し、総合治水対策を提案し、今日にいたっているのです。その委員会がどんな予想をしたか、当時の予測図（ハイドログラフ）がのこされているので紹介しておきます（図19）。

流出を計測する地点は、本流と最大支流である恩田川が合流する地点（落合）としてあります。ハイドログラフを作るには、対象となる雨の量・パターンをきめないといけません。ここでは、六六年の梅雨の台風時の雨（流域平均二日間雨量三〇八㎜、降雨の時間変化は図に示す通り）が選ばれています。この降雨に対して、流域が未開発の時の流出パターン（ハイドログラフ）がどうなるか、その予想カーブが四本のカーブの一番下に実線で描かれています。昭和三三年狩野川台風の年の市街化率で計算したハイドログラフが破線です。予測を行った時点（一九七五年）時の推定が一点鎖線。その時点で、市街化率八〇％の未来を想定したハイドログラフが、一番上の破線のカーブです。

市街化率が高まるにつれてピークは高くなり、加えてピークまでの到達時間は短くなっていることがわかります。カーブで囲まれている面積（＝保水されずに流出する洪水の量）は急増していることがわかります。市街化率が八〇％となれば、洪水のピーク時の流量が未開発時の二倍規模になると予想されていたのです。

ピークが高まるということは、河川整備の基本である堤防の高さを洪水が超える、つまり氾濫する可能性が高まるということです。当時の建設省京浜工事事務所（現・京浜河川事務所）は、この予想を元に河川整備、下水道整備を全力で進めても、豪雨が到来

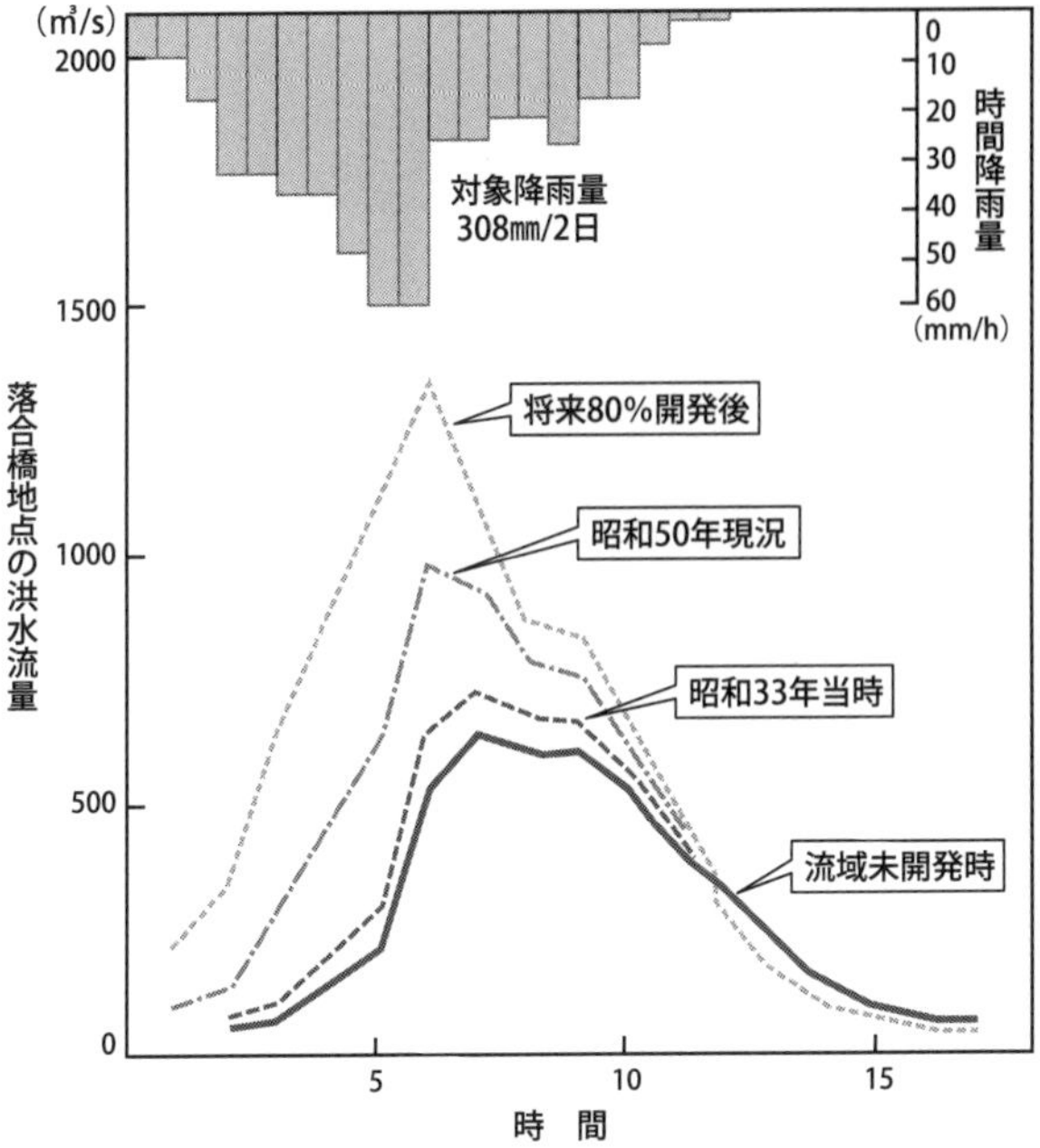

図19　1975年（昭和50年）時点でまとめられた鶴見川流域の豪雨時のハイドログラフ（過去のカーブ、将来の予想カーブも記入されている）
「鶴見川流域水防災計画委員会中間報告」（1977）

すれば大氾濫は阻止できないと判断しました。そこで、自治体や地域を説得し、河川法によらず、緑地の保全、農地の保全、開発に伴う雨水調整池の設置など、流域対策を進めるべきとする総合治水対策をまとめ、国（建設省）の承認を得て、一九八〇年「総合治水対策」という名前の流域治水を開始したのです。

総合治水・流域整備計画はどのように行われたのか

ここ四〇年にわたり、実行された鶴見川流域の総合治水。そこで行われた流域治水は、どのような対策を進め、どのような成果を上げたのか。具体的に紹介してゆきます。成果については、のちほど節をあらためて説明するのですが、ひとまずは、大きな成果があがっていること、一九八二年の大規模水害を最後に、その後今日まで、鶴見川流域では、河川氾濫による水害はほとんど起こっていないということを、確認して先にすみます。

一九八〇年にスタートした鶴見川流域総合治水対策を推進する行政組織は、「鶴見川流域総合治水対策協議会」と呼ばれました。建設省関東地方整備局が事務局（京浜工事事務所が担当）となり、東京都、神奈川県、町田市、川崎市、横浜市が複数の関連部局の枠で参加しました。根拠となる総合治水対策は事務次官通達でした。法律で決められた計画ではありませんでしたが、国と関連自治体が「鶴見川流域整備計画」という流域規模の整備計画をまとめ、共有する形で連携がはじまりました。

計画の基礎となったのは、流域の土地利用についての方針です。都市計画の領域では、すでに市街化区域、市街化調整区域などの土地利用の指定が流域関連自治体すべてに示されていたのですが、それとはまったく別に、水循環に関わる特性に基づき、流域全体が①**保水地域**、②**遊水地域**、③**低地地域**の三つに大別され、それぞれの地域でどのような治水対策を重視するのかという指針が示されました（図20）。

①**保水地域**

流域の七割を占める丘陵・台地地域は、緑の保全や市街化に伴う雨水調整池の設置など、保水力に注目した「保水地域」とされました。

②遊水地域

本流と大きな支流の氾濫原地形には、広大な水田が広がっていましたので、この領域は水田の田畑などへの転用を抑制し、氾濫水を一時的に滞留させる機能を重視した「遊水地域」とされました

③低地地域

町に降った雨が自然の力で川に排水できない下流の沖積地帯には、下水管、ポンプ場などを整備します。そして、減災についての建設方式などを含むさまざまな工夫を進める「低地地域」とされました。

通常の都市計画の枠組みと整合性をとることがきわめて難しかった地域指定ではありましたが、緊急対応としての機能はしっかりと果たすことができました。それぞれの地域区分にそって、河川整備、下水道整備には収まらない緑の保全、田畑の活用、市街化に伴う雨水調整池の整備など、流域対策が進められて四〇年の歴史を経たのです。

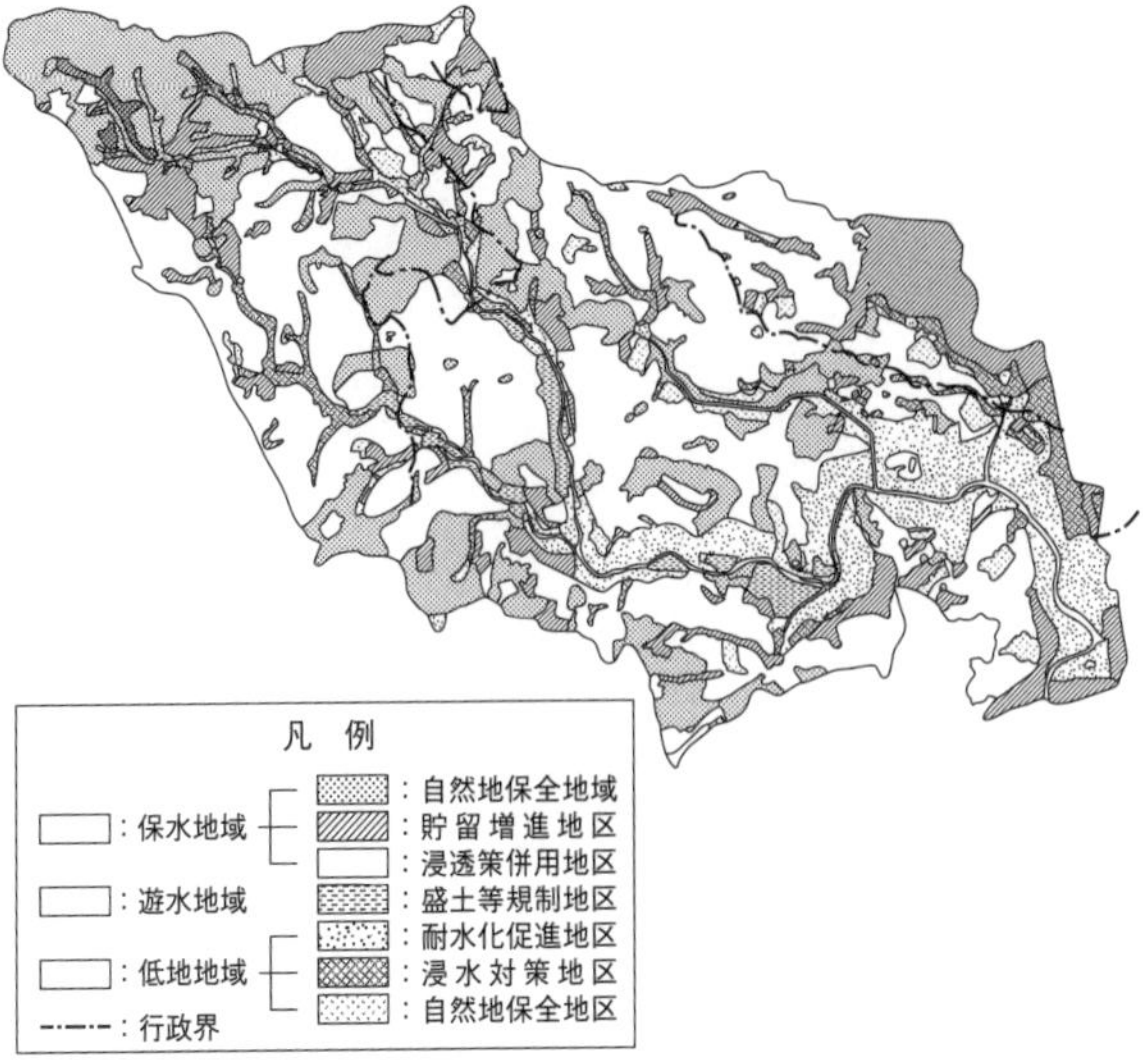

図20　流域整備計画の地域区分図

河川の整備も強化

都市河川の治水の基本は河川整備です。保水地域・遊水地域における保水力・遊水力の保全と強化はもちろんのことですが、氾濫しにくい河川の構造を整え、洪水を排水しやすい構造や、遊水地として河川区域を部分的に広げる工夫等が、都市河川の治水の基本であることは総合治水対策でも変わりはありません。

　鶴見川でももちろん、河川法に基づく河川の整備が全力で進められてきました。あれほど水災害が多く、被害の大きな地域でしたから、通常の河川よりも強力な河川整備へとつながりました。

排水能力を強化して遊水地の確保を

一九七〇年代末から鶴見川下流部で実施された大規模浚渫《しゅんせつ》は、下流に到達する大洪水を速やかに海へ排水するための作業でした。護岸の整備も進みました。各所に堤防のない無堤区間が残っていたため、豪雨時の下流域の町の浸水はそもそも不可避であったという事情があります。一九八二年、秋の大水害をうけて、河口から二km地点左岸の最も危険な無堤地区に護岸ができました。川辺の土地利用に関する企業と行政の調整がまとまるまでに、それほど時間がかかったのです。川辺に多数の住居が密集していた河口生麦で地域の調整が進み、築堤が完成したのは二〇〇七年のことでした。

下流部における最大の河川整備は、新横浜地区の鶴見川多目的遊水地です。こちらは二〇〇三年に完成しました。丘陵地から駆け下る大量の洪水を最初に受ける大蛇行地点（大曲《おおまがり》）の上流右岸に広がる水田地帯八四haを河川区域として買収し、湛水量《たんすい》（水田などに水をたたえること）最大三九〇万㎥の大規模都市遊水地を建設したものです。同地は治水用の施設ですが、その大半を横浜市が公園、総合競技場を含むスポーツ施設や自然保護の領域として活用しているので、「多目的遊水地」と呼ばれています。横浜市の管理する公園が豪雨時に遊水地になるというわけではありません。治水のための遊水地(河川区域)の一部が公園として利用されているという形です。

河川整備が進んだのは、低地地域に該当する国の直轄区間だけではありません。本川に限定しても、保水地域、遊水地域に展開する中・上流区間は神奈川県、上流区間は東京都の河川部局が整備を担当しています。それぞれの区間で治水目的を第一とし、同時に自然保護へも配慮した河川整備が進んでいます。

神奈川県は、中・上流の区間で洪水を安全に流す能力を向上させるために河川幅の拡大、親水整備(安全で快適な水辺空間を工夫する整備)を含む護岸の整備を進めています。同時に、中流区間左岸に一か所、上流区間の右岸に一か所、それぞれ一〇万m³規模の地下遊水地を整備しています。

町田市の丘陵地を流下する源流の区間は東京都の担当です。当該地域の本流は一九八〇年代半ばの段階で田園地帯を蛇行して流下する自然河川の状況でした。二〇二一年現在も、洪水流下量を拡大させるための河道の直線化を含む拡幅整備が進んでいます。

支流の河川整備

鶴見川は、保水地域に広がる多数の支流を合流して鶴見川水系を形成しています。一級水系の支流には、法律の定めにより二級河川は指定されません。鶴見川本流に直接・間接につながる支流には、一級河川、準用河川、さらには普通河川、あるいは下水道の管理する雨水路（雨水幹線）の区別がつけられています。

一級河川指定を受けている支流は、矢上《やがみ》川、早淵《はやぶち》川、鳥山《とりやま》川、砂田《すなだ》川、大熊《おおくま》川、鴨居《かもい》川、恩田《おんだ》川、梅田《うめだ》川、麻生《あさお》川、真光寺《しんこうじ》川の一〇本です。神奈川県、東京都のほか、政令指定都市である横浜市が管理する一級河川もあり、それぞれ、治水安全・環境整備を目的とする河川整備が進んでいます。横浜市は支流の鳥山川と梅田川で、また、神奈川県は支流の矢上川と恩田川（こちらはこれから本格化）で、それぞれ遊水地も整備しています。

さらに小さな支流群は、河川法の準用される準用河川、河川法では管理する義務のな

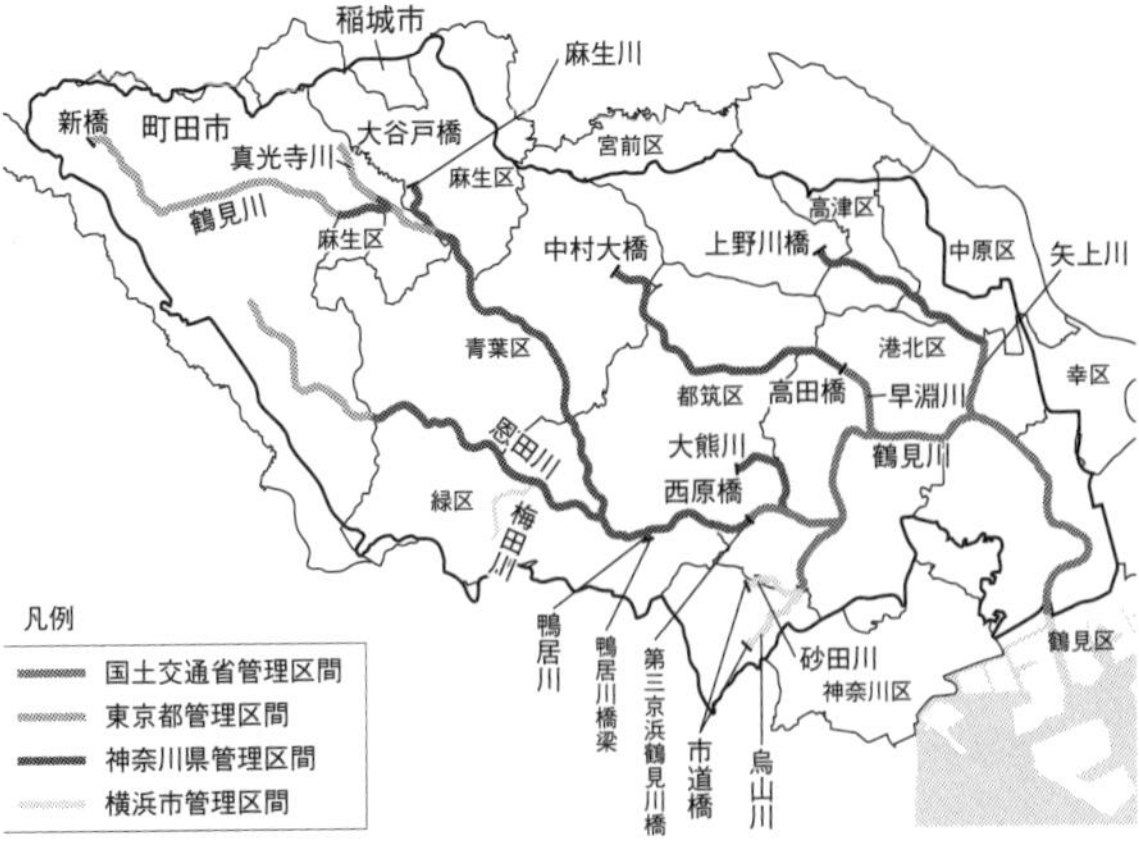

図21　鶴見川水系管理区分図

い普通河川にわけられます。これらは、川崎市、横浜市が管理する流れですが、基本は治水のための整備が進められてきました。

その他、町田市の丘陵部には、町田市下水道部が管理する延長数km規模の立派な流れが何本か存在します。河川法と同じような方式で管理されていますが、町田市に河川部局はなく、下水道部が管理主体なので、法律上は都市の雨水幹線ということになっています。

図21に、鶴見川水系を構成する河川・水路と、法律に基づいてそれらの整備を担当する行政が紹介されています。

下水道の整備

河川の整備と並行して下水道の整備も進みました。一九五〇年代になり、本流下流域の横浜市域の低地地域で大型の下水管が設置されて、ポンプ場が整備されはじめました。以後、横浜、川崎の本流・支流沿いで進んだポンプ場の整備は、町に降る豪雨が川に排水できずに氾濫を起こす内水氾濫の緩和に大きな成果をあげてきました。現在の鶴見川水系には二一か所のポンプ場が配置されています。

ポンプ場の機能はひたすら強化すればいいということでもありません。流れの上手でポンプ場を強力に運転して内水を大量に川に排水すると、下手で河川の氾濫（外水氾濫）を促す危険性があるからです。可能であれば、町に降った雨の一部は氾濫させず、川にも排水せず、街で貯留できることが良いということになります。低地地域のビルなどが設置する雨水貯留施設は、そのような機能を果たす雨水貯留施設ということになります。

さらに、横浜市、川崎市は、地下に大規模な雨水貯留施設を設けて、雨水の貯留も進めています。横浜市の小机・千若幹線と呼ばれる雨水貯留管は二〇万㎥規模、同、新羽末広幹線は四五万㎥、川崎市の渋川雨水貯留管も一〇万㎥の大規模なものです。

下水道の基本機能は、家庭などからの生活雑排水を下水処理場に集め、活性汚泥法で浄化することです。あまり知られていないのですが、実は治水の世界でも内水氾濫の阻止・減災の分野でも多大な役割を果たしているのです。

本題とは逸《そ》れますが、鶴見川流域では、一九七〇年代に全国一級河川の中でも筆頭ランクの汚染にさらされた水質も流域七か所に設置された大規模な下水処理場の働きで見事に処理され、今では都市河川としては実質的に清流に近い状態まで改善されています。アユ、ウナギ、ハゼがにぎやかに暮らす流れに回復しています。

緑の領域を守る

流域治水の指針の中に「グリーンインフラ」という項目があります。流域各地で、緑の領域を豊かに守り、創出して保水力を上げ、下流低地帯の大水害を緩和することを目的としています。

激しい市街化に見舞われてきた鶴見川の流域でも、関連自治体の努力によって大小の森林・緑地が開発をまぬがれ、保全され、大きな保水力を実現してきました。現在、流域の一〇％強を占めると思われる樹林を現況とする緑の領域のほとんどは市街化調整区域（秩序ある開発のために市街化を抑制する地域）に属していると思われます。

ひとまとまりの最大の緑の領域は、鶴見川本流源流区間の左岸に広がる町田市北部丘陵と呼ばれる面積一〇〇〇ａ規模の雑木林、農地を主体とする地域です。民家や学校、公園なども含めての面積ですが、この領域が保水できる雨の量はおそらく一〇〇万～二〇〇万㎥に達する可能性もあると思われます。保水力は、豪雨が来る前の降雨の状態や、森の管理状態などに大きく左右されますので、単純な推定はできませんが、好天が続いた後のよく管理された雑木林は、一般に考えられている以上に高い保水力を示すのではないかと思われます。

北部丘陵の対岸、鶴見川右岸に広がる七国山周辺にもさらに数百haの緑が広がっています。市域の七割が鶴見川の流域に属する町田市は、大規模な市街化調整区域の緑を基本として、大規模な保水貢献を進める、文字通りの鶴見川源流都市ということです。

この丘陵地の中に、町田市は野津田公園、源流保水の森などの緑地を確保しています。

東京都は小山田緑地、図師小野路歴史環境保全地域など大規模な緑地を管理しています。中下流の領域では、神奈川県が、四季の森公園、三ツ池公園などの大規模公園を保全管理しています。

横浜市は青葉区の寺家ふるさと村、支流梅田川の流域に広がる新治市民の森、川崎市には麻生区の早野整地公園、宮前区の美しが丘公園など、広く知られる緑地があります。

水田地帯には大きな保水力が

本流や、恩田川、早淵川などの大きな支流の上中流区間の両岸には、広い氾濫原があり、田畑や果樹園が広がっています。現在もかなりの地域が市街化調整区域に指定され、農業的な土地利用の地となっています。

水田は、かつては圧倒的な比率で流域に広がっていた領域です。豪雨で河川からの外水氾濫、または陸域からの内水氾濫を受けると、広大な水田地帯は大きな保水・遊水機能を発揮して、下流へと流下する洪水量を抑制することができるのです。

総合治水の流域整備計画は、このような河川沿いの水田地帯を遊水地域として、遊水力の保全・強化を目指しました。土を入れて水田を畑にすること（盛り土）を控えてもらったり、田んぼの畦《あぜ》を高くして貯留効果をあげるなど、積極的に遊水量を増やす工夫が推奨されました。しかし、将来の市街化を望む声も強く、この分野での総合治水の成果は、期待ほどには進まなかったのが実情ではないかと想像されます。

中流区間下手右岸では、新横浜周辺地域に広がっていた水田地帯が八四haの規模で河川区域に編入され、多目的遊水池として管理されていることはすでにふれた通りです。ただし、これは、流域治水の領域で今広く話題にされている「あふれさせる治水」の実例というわけではありません。流域対策の一環として実現されたわけではなく、広大な水田地帯を買収して河川区域に編入し、河川法に基づく河川施設として遊水地を創出したもの。河川対策の一つなのです。

雨水調整池を設置

遊水地と並んで大きな成果を上げた工夫として、雨水調整池の設置があります。丘陵や町に降った雨の水（洪水）を、河川に流入する前に一時貯留することを「調整」といいます。鶴見川の総合治水では、緑の領域に団地や住宅をつくる際に、一定の基準（鶴見川の流域では五〇〇㎡）を超える開発について、開発によって減少する保水力を一haあたり四〜六〇〇㎥の割合で一時貯留する雨水調整池を設置することになっています。

基準はさまざまですが、同様の理由で低地地域でも大きな建物の地下に雨水貯留槽が設置されます。これらは河川法や下水道法で計画されたのではなく、建築や宅地開発の際の要請（後日、一部では条例でも規定され、いまは、特定都市河川浸水被害対策法という長い名前の国法でも位置づけられています）などによって、施工者が設置するものですので流域対策枠の事業ということになります。二〇二一年現在、鶴見川の流域には、保水地域、低地地域を含め、大小五〇〇〇の雨水調整池があり、合計三一一万㎥の雨水を一時貯留する能力があると言われています。

図22には、流域全体にわたり、雨水調整池・貯留槽がどのように分布しているかが一覧されています。保水地域よりも、低地地域で密度が高い理由は、建物に対応する雨水貯留槽が大規模な調整地と同じサイズの点で示されているからです。源流都市町田の保水地域は、少し密度が低いのですが、個々の調整池のサイズが大規模なものが多く、数

や地域の面積による配分で想定されるよりもはるかに大量の保水能力を実現しています。

低地対策で氾濫が起きないように

低地地域では、河川整備の対策として、護岸整備と浚渫が重視されてきたことはすでに紹介した通りです。護岸整備は地域の協力を得るための準備に時間がかかります。鶴見川流域で下流部の護岸が全域にわたって整備されたのは、二〇〇〇年代に入ってからのことでした。

町に降った雨を川に排水するための雨水路やポンプ場の設備、さらには雨水を川に戻すことなく地下貯留する大規模な地下の雨水管の設置など、下水道整備の項目ですでに触れた対策も進められてきました。建物の雨水貯留も広く実施されています。

保水・貯留に関わるこれからのハードの対応と並び、低地地域では過去の氾濫実績をさまざまな様式で町に公示する工夫や、豪雨時の河川からの氾濫の予想を地図にしたハザードマップ、さらに豪雨時に予想される内水氾濫の予想を図にした内水ハザードマップなどが作成され、国や自治体のＨＰや紙媒体を通して流域市民に提供されています。

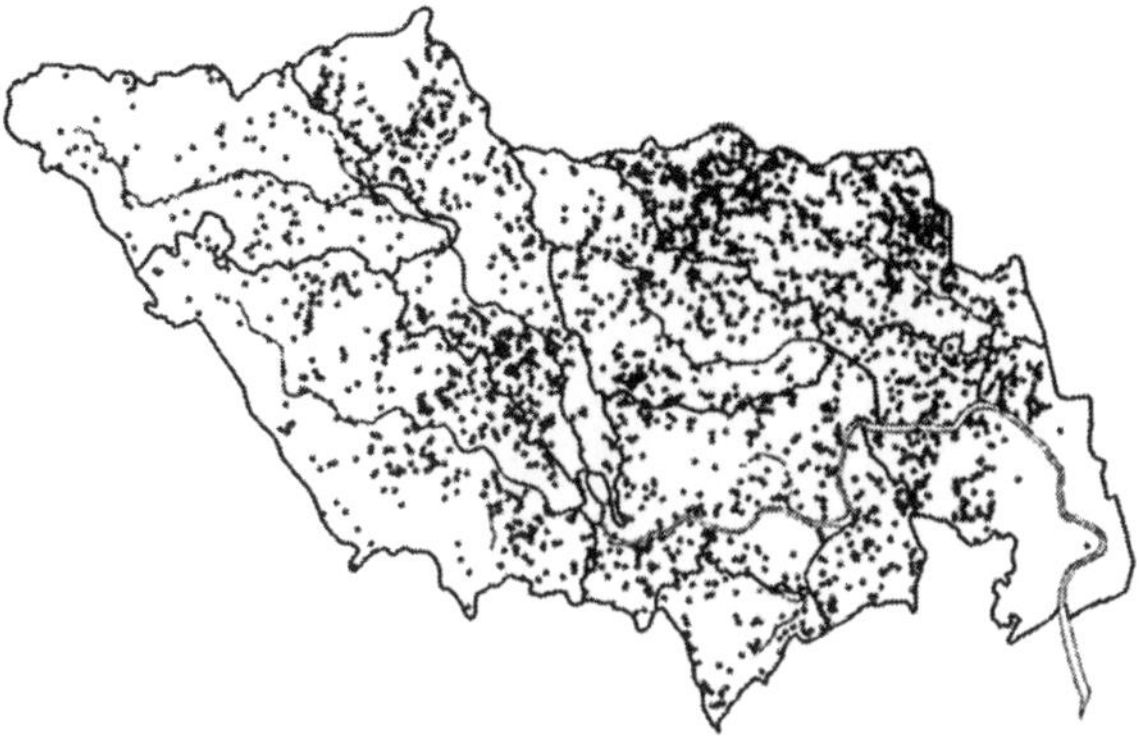

図22　流域の雨水調整施設（雨水調整池や貯留槽）2019年現在で5000基

ハザードマップは、基礎自治体（町田市、川崎市、横浜市）ごとに独自に編集されており、氾濫時の避難行動へのアドバイスや、予想浸水深と建屋の高さの関係を例示して、垂直避難行動の手がかりとしています。

低地地域における治水対策に関して特筆しておくべきことがあります。一九六六年の大氾濫の後、鶴見川流域の下流地域では平屋建ての住居が激減し、下手の氾濫常襲地では二階建て、三階建てが一般的になりました。結果的に、たとえ氾濫が起きたとしても、垂直避難が有効になるので、かつてのような甚大な人災・家財被害には至らなくなったと思われます。

言うまでもないことですが、周辺の高層化が進む中、平屋で取り残される居住者は、従来よりも危険な氾濫にさらされる可能性があるという大問題も生じています。温暖化豪雨時代に向けて解決されるべき課題です。

大規模緑地で生物多様性モデルを保全

流域治水の新方針では、「グリーンインフラ」という表現で、保水力・遊水力確保のために、流域の緑・自然地の確保・保全が重視されています。鶴見川の総合治水では、雨水調整池の設置、調整区域における緑の確保などで実践された対策です。保水効果も視野に入れ、大規模な緑の保全を目指す国の方針が実行された経緯もありました。一九九六～二〇〇一年まで、環境省・国土交通省・関連自治体・鶴見川流域ネットワーキング（TRネット）が連携して推進した「**生物多様性保全モデル地域計画（鶴見川流域）**」です。

日本は生物多様性条約の締約国です。この条約は生物多様性資源の保全・利活用・利益の公正公平な分配を目指す国際条約です。一九九二年、ブラジルのリオで開催された地球サミットで気候変動枠組条約と並んで提案され、翌年の一九九三年に発効されました。

この条約の趣旨に沿って日本国環境庁（当時）は、一九九五年に第一次の生物多様性国家戦略を発表しました。これを受け、一九九六年、その後全国各地で推進されるべき地域戦略のモデルとするために、全国四か所で「生物多様性保全モデル地域計画」が実施されました。

鶴見川流域がモデル地域の一つに指定された理由は、「流域」という地形・生態系の単位で関連自治体が国と連携し、保水・遊水力を重視する総合治水を推進していたことに加え、行政区を越えて鶴見川の流域で連携し、「安全・アメニティー・自然共生型流域都市文化の育成をめざす」市民連携組織、「鶴見川流域ネットワーキング」の活動が注目されたからでした。

条約で保全の対象とされる生物多様性は、「生物種の多様性、種内の遺伝的な多様性、生態系の多様性」と、条約冒頭で定義されています。元の英語であるbiological diversity、その短縮語として大流行したbiodiversityを、日本の学術界、環境省は「生命多様性」と正しく訳さず、「生物多様性」と訳してしまいました。そのことによって

「生物多様性保全」は、もっぱら珍しい種類の生物を保護し、外国からやってきた迷惑な外来種を排除する活動であると誤解されるようになってしまいました。一九九五年当初の環境庁の一部は、この誤解に気付いており、生態系単位での生物多様性保全を地域ごとに推進する方式として、流域思考の生物多様性保全を「鶴見川流域ネットワーキング」という市民応援組織のある鶴見川で実行することになったのです。

一九九六年にスタートしたこの計画は、二年をかけて基本構想をまとめ、一九九八年以降、モデル地域の検討や自治体、市民団体を巻き込むフォーラムなどが開催されました。本書の趣旨を超えた話になるので、これらについて詳細を紹介することはできませんが、その骨格となる大規模緑地の保全計画については特筆しておくべきでしょう。

一九七八年に作成された流域思考の生物多様性重要配慮地域図（図23）を見てください。都市計画の基本に、市街化区域（都市的な利用を進める地域）と市街化調整区域（秩序ある開発を視野に入れて、当面として開発を抑制する地域）の区別があることはすでに何度か触れてきました。図は、鶴見川流域内の市街化調整区域について、一九七八年の段

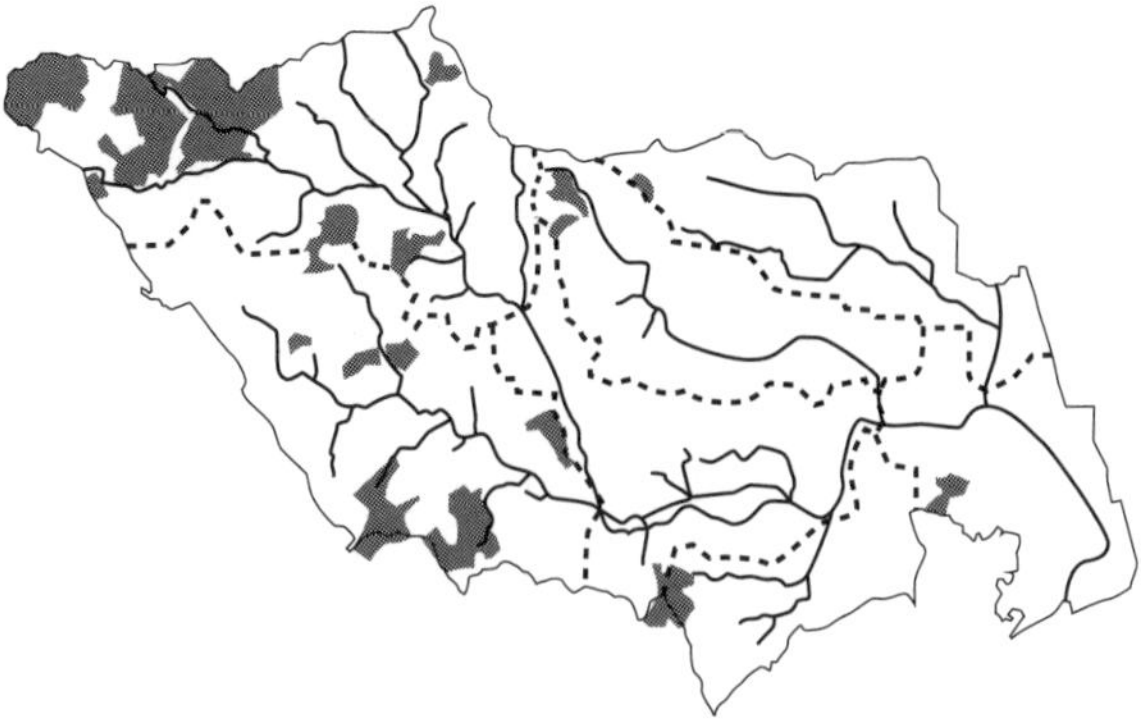

図23　鶴見川の生物多様性重要配慮地域図（1998年環境庁）

階で、まだ保全対応のない領域を、生物多様性保全重要配慮地域と指定し、色づけしてあります。当該地域の大半は、本流・支流地域の源流地に広がっていることがわかります。ここで「生態系」というまとまりで大規模保全の工夫や開発に伴う多自然配慮が進めば、緑の保全効果と共に、生物多様性保全の趣旨が大きく活《い》かされます。

ちなみに、ここで指定された地域については、わたしを含む担当委員等が、当該地域を管理し、あるいは開発を予定または推進していた主体に、生物多様性を配慮した保全や開発に伴う配慮（公園を保水力の高い多自然型にするなど）を要請し、一部を除いて積極的な対応を引き起こすことに成功しています。

丘陵地の調整区域はもちろん総合治水の保水地域であり、総合治水の観点から開発の抑制が期待されていました。生物多様性保全の流域計画が、さらにその要請の後押しになったということです。

この計画では、重要配慮地域の設定と保全の工夫だけではなく、流域に設置された多数の雨水調整池を含む池の多自然化もテーマとされ、いくつかの多自然型雨水調整池が実現しました。一九九九年には横浜市が主催して池の多自然化に関するシンポジウム、「池のフォーラム」が、二〇〇〇年には町田市が主催して丘陵地の保水の拠点ともいえる小流域（谷戸《やと》）生態系の多自然化をめぐるシンポジウム「谷戸のフォーラム」が開催されています。総合治水と生物多様性保全の連携が実現したプロジェクトでした。

残念なことですが、二〇〇一年夏、環境省はこの計画の廃止を決めました。二〇〇二年以降、全国の地域における生物多様性戦略推進の柱の一つとして流域思考を置くという環境省のそれまでの方針は撤回され、「里山」をキーワードとするSatoyama Initiativeに置き換えられてゆきました。環境省がなぜ流域思考の生物多様性戦略をこの時期に放棄し、「里山」主義の新方針に転じたのか、理由は不明です。

幸いなことに、環境省が撤退した後の鶴見川流域では、モデル地域計画を推進した国土交通省・自治体・市民団体が連携して、その成果と考え方を引き継ぎました。二〇〇四年、総合治水を基礎として流域の諸課題を、五つの流域マネジメントとして整理し、さらに総合的に取り扱う「水マスタープラン」が定められ、その柱の一つとして生物多様性保全計画が組み込まれて、現在に至っているのです。

「水マスタープラン」は、総合治水を多自然・多機能化した流域マネジメントです。ここでの「多自然化」とは、歴史的にいえば、「生物多様性保全モデル地域計画（鶴見川流域）」を引き継いだことを指しています。鶴見川流域では、治水中心の流域計画であった総合治水対策に自然保全の軸が加えられ（二〇〇四年）、現在に至っているということです。二〇二〇年に提案された「グリーンインフラ整備」の対策が、生物多様性保全の流域計画という形で、先取りされていたことになります。

2　目に見える成果が出た

大氾濫が止まっている

一九八〇年から四十一年かけて、さまざまな河川、下水道、流域対策を重ねた鶴見川流域総合治水対策は、明快な成果を上げて今日に至っています。グラフを見てください。図24に、戦後流域を襲った大雨の規模と、その雨が流域にもたらした浸水被害の規模が示されています。台風や前線の大雨の規模を示す指標として、しばしば流域平均二日間雨量という数値が利用されます。降りはじめてから降り終わりまでを二日間で区切り、流域各地に降った雨の総量を基礎にして流域全体で平均したものです。

上段のグラフは、流域平均二日間の雨量。一五〇㎜を超える規模の雨について、記録された年ごとに縦軸に雨量を示しています。下のグラフは、それぞれの雨で流域にどのような規模の水害が起きたのか、床下浸水・床上浸水として記録された被災家屋の合計数が示されています。

鶴見川における戦後最大の雨は、現在のところ一九五八年の狩野川台風です。流域平

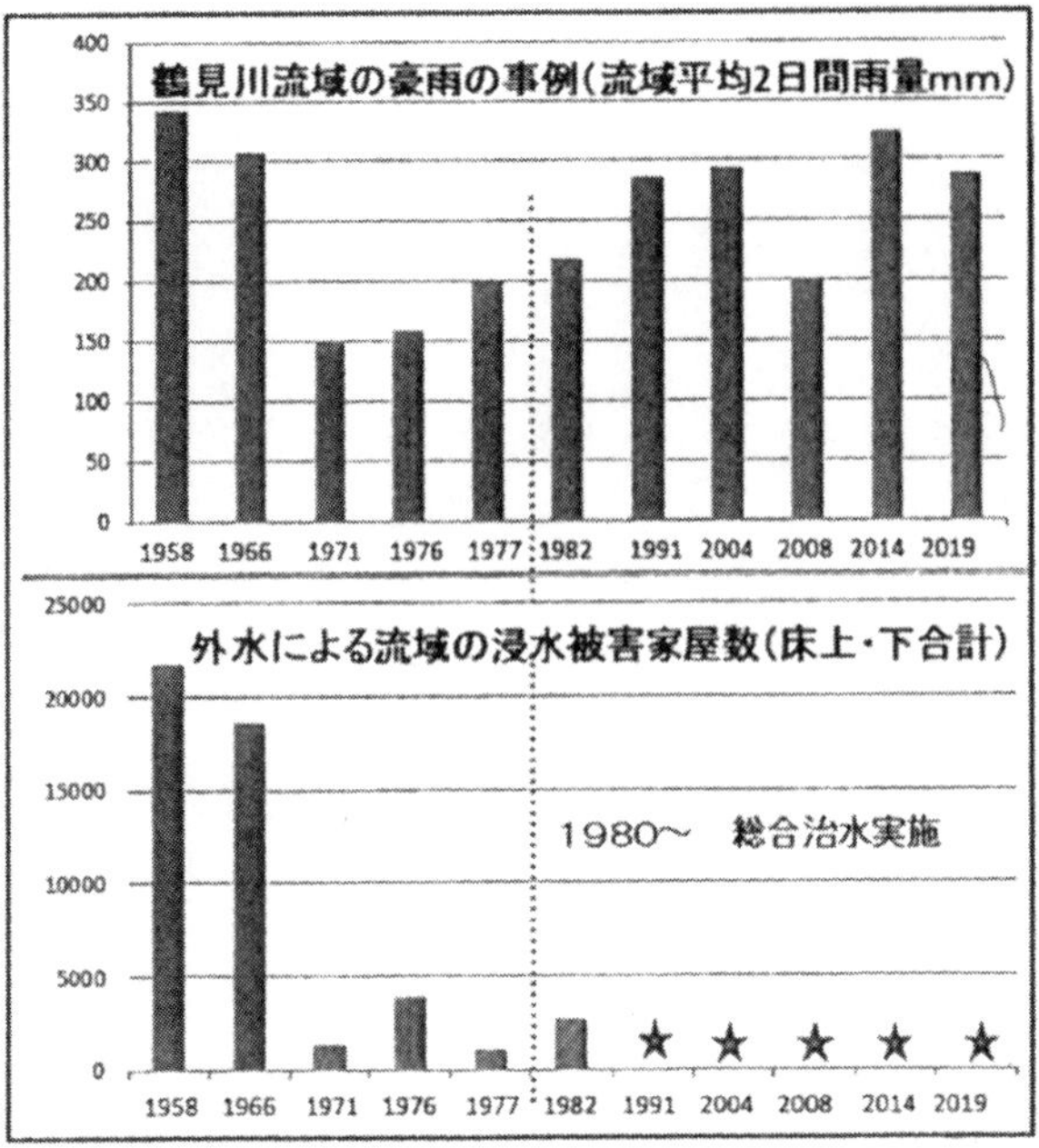

図24　総合治水40年の成果
上図：横軸は豪雨のあった年（1980年までは150㎜以上、以後は200㎜以上）
下図：上図豪雨時の外水氾濫による浸水家屋数。平成3年（1991年）以降は300㎜規模の豪雨でも氾濫なし均二日間雨量は三四三㎜。この雨で、流域では二万件に近い家屋が床下・床上浸水に見舞われました。一九六六年、梅雨の台風四号では三〇三㎜の雨量があり、一万九〇〇〇件超の浸水家屋被害が出ています。

六六年の雨は、五八年よりも大幅に雨量は少なかったのですが、ほぼ同じ数の被災家屋が出ました。この被害を受け、翌六七年、鶴見川が一級河川に、鶴見川水系は一級水系に指定されたことはすでに触れた通りです。

三〇〇㎜規模の豪雨でも大氾濫しない川に！

このグラフにすべてが記載されているわけではないのですが、以後鶴見川では、さしたる豪雨でもないのに氾濫が発生し、下流の町は繰り返す水害に悩まされるようになりました。河川や下水道の整備は進んでいたはずなのですが、氾濫の日常化は顕著になるばかりでした。

そのような状況を受け、七五年に鶴見川の管理を進める建設省京浜工事事務所（現在の京浜河川事務所）が呼び掛けて、「鶴見川流域水防災計画委員会」が設けられ、この委員会の検討をうけて建設省河川審議会での審議もすすみ、一九八〇年、鶴見川流域は建設省河川局（当時）の指定する、総合治水対策の第一号の特定水系に指定されたことは、すでに述べた通りです。

「鶴見川流域水防災計画委員会」の検討から総合治水対策開始までの間にも、一九七六年、七七年と、鶴見川は大きな氾濫を起こします。さらに、総合治水指定から二年目、新しい対策がスタートし始めてはいたものの、なお初発の整備段階だった一九八二年には、二〇〇㎜超えの雨によって、私の実家のあった鶴見川下流左岸地域は再び三〇〇〇件規模の大水没に襲われたのでした。

しかしこの水害を最後に、以後今日にいたるまで、三〇〇㎜近い豪雨があっても、鶴見川流域に大氾濫はないのです。二〇一四年には、鶴見川における戦後二番目にあたる三二二㎜の豪雨が襲ったにもかかわらず、外水氾濫は起きませんでした（局所的な床下浸水が数件あったとされています）。完成し、すでに機能を開始していた鶴見川流域多目的遊水地も、一五四万㎥の洪水を湛水し、大活躍したのでした。

大型台風襲来も多目的遊水地が大活躍しラグビーの試合は開催

総合治水の流域連携プレーの成果を確認する上で、象徴的な出来事は、二〇一九年の台風一九号襲来時における、鶴見川多目的遊水地の活躍です。

一〇月一二日、台風一九号襲来の夜、増水する鶴見川本流の洪水は多目的遊水地の越流堤を越え、遊水地に流入しました。多目的遊水地は河川区域であり、豪雨時に水を溜《た》めることが目的の河川施設です。そのかなりの部分は運動広場や施設として横浜市が利用し、福祉施設の建屋や自然保護のための緑地・池などが配置されています。その運動施設の中心が、かつてサッカーの世界戦が開催された横浜国際総合競技場でした。

競技場では、台風襲来翌日の一三日、日本とスコットランドのラグビー戦が予定されていました。豪雨の襲った一二日の夕方には本川《ほんせん》から洪水（大雨の水）が越流して、競技場下の投擲《とうてき》場まで水没しはじめたのです。この段階で、「明日の競技は大丈夫か?」との全国報道もあったのですが、洪水の湛水は九四万㎥にとどまり、翌日にはラグビーの世界戦も無事実施され、日本が快勝したことは周知の通りです。

実はこの時、英国の報道が「日英のラグビー戦の行われている総合競技場は、下流の町を水害から守るための巨大な遊水地の中に、一〇〇〇本を超す柱で支えられている」と、遊水地を絶賛したのでした。この報道もあって、多目的遊水地は一躍全国・世界にまで知られるようになりました。

しかし、同時にこの評判が大きな困惑、誤解も生みました。「鶴見川下流の低地帯を水害から守っているのは、最大三九〇万㎥の貯水量を誇る多目的遊水地である。多目的遊水地があれば下流は安心だ」という評判となって広まってしまったのです。決して誤りではないのですが、流域治水、総合治水を推進する鶴見川流域の防災事情からいえば、大きな誤解にもつながるのです。すこし複雑ですが、ぜひ、事情を理解していただきたいと思います。

多目的遊水地の北側を流下する鶴見川本流には、その上手の流域（集水範囲）から膨大な量の洪水が流下します。多目的遊水地がそのピークの流れを安全に貯留したことは紛れもない事実なのですが、そもそも多目的遊水地の越流堤に到達する洪水量そのものが、総合治水の流域連携努力によって、大幅に削減されていたことこそが重要なのです。多目的遊水地のこの度の快挙は、中上流で保全されている広大な森や、数千ヶ所を超える雨水調整池の大きな保水力の賜物《たまもの》であることを忘れてはいけないのです。

　正確に見積もることは難しいのですが、中上流域で保全されている雑木林の大きな保水力や、中上流部の流域に設置されている数千の雨水調整池の保水量は、合計すればおそらく三〇〇万㎥を優に超すはずなのです。もし、ここで保水されずに流下していたとすれば、最大貯水量三九〇万㎥の多目的遊水地も満水となり、下流の本川で越流氾濫を起こしていたかもしれないのです。

　二〇一九年、台風一九号の豪雨から、鶴見川流域下流の低地帯を守ったのは新横浜多目的遊水地そのものではなく、町田市、川崎市、横浜市西部の丘陵地帯の諸都市が総合治水関連の努力によって確保してきた緑・田畑、そして多数の雨水調整池が、**河川法、下水道法の法定義務の外で大規模な保水を実現し、河川法対策である多目的遊水地を見事に補佐したというのが**、正しい理解ということなのです。

　流域治水を進めたさまざまな施設や緑の流域連携のチームプレーの成果。それこそが総合治水対策、流域治水の真髄です。

一五〇年に一度の豪雨を想定

支流の流域群に関わる治水の成果は、客観的に判定するデータがまだほとんどありません。多くの支流は、時間雨量五〇㎜程度の雨でも氾濫しないよう、各種の河川整備を受けてきました。さらに大きな雨への対応も進み、すでに多大な成果は上がっていることは事実です。しかし、現段階でどの支流でどれほどの成果が上がっているのかを本書でまとめることはできませんでした。

ただし、総合治水の地域区分で低地地域に指定された下流の市街地についてであれば、図24が示唆するように、一〇〜二〇年に一度規模の豪雨なら（短時間集中の極端な降り方でなければ）、すでに氾濫を回避できる状況になったと言ってもよいと思われます。穏やかに雨の強度が上がり、減少する普通の降り方であれば（図10参照）、一九五八年の狩野川台風規模（五〇年に一度規模）の豪雨にも、どうにか耐えうる流域になったとも言えるのではないでしょうか。

同じ流域平均二日間雨量でも、同じ強さで平均的に雨が降り続くパターンと、降水期間の中央、あるいは後半に集中して強雨が降るパターンでは、瞬間的な洪水量（川の中を流れる水の量）は異なります。平均雨量だけで安全だと決めつけることはできないのです。

特に、後半に激しい雨が集中する線状降水帯と呼ばれるような豪雨であれば、総雨量が五〇年に一度の量より小規模な雨であっても、まだ、氾濫を回避することは難しいかもしれません。仮に、総雨量が五〇年に一度の危険な雨が線状降水帯のパターンで鶴見川流域を襲えば、多目的遊水地も満水となり、下流では大氾濫の危険があります。それらの危機への対応をしっかり組み込んだうえで、まずは五〇年に一度の雨でも下流低地帯が大氾濫をおこさない流域にしてゆくことが、鶴見川流域総合治水の当面の目標、といってよいのだろうと思われます。

現在の鶴見川の流域では、一五〇年に一度の豪雨を想定し、たとえそれが到来しても氾濫しない流域づくりを計画上の治水目標としています。五〇年に一度の豪雨であれば高確率で耐えることができる。その現状から六〇年、七〇年、八〇年に一度の雨に耐える流域へと努力を続け、一五〇年に一度の安全度に至るまで、河川対策・下水道対策・流域対策を進め、数十年後にはこの目標を達成したい、というのが鶴見川流域総合治水対策の現在の目標、と理解してよいのではないかと思われます。

流域思考は応用が利く

ここで視点を少し広げましょう。「流域」という枠組みは、下流低地の大氾濫を防ぎ、緩和するために機能しているだけではありません。本流の上流、中流域の低地群、水系を形成する大小の支流の下流低地域でも、全く同様に流域思考による総合治水・流域治水を進めることができます。

さらに面積を絞って、斜面地の小さな谷や沢や窪地《くぼち》に相当する微小流域における豪雨時の水土砂災害の防止にも流域思考は役立ちます。局所的な線状降水帯が襲えば、数十ha規模、時には数ha規模の小流域が甚大な被害を引き起こすこともあります。この分野に、流域治水・流域思考の対応を工夫することは、鶴見川流域に限らず全国の丘陵・山地地域においてこれからの大きな課題となっています。

さらに言えば、庭や畑をつくる場面でも、雨水をどのように排水するか、あるいは溜めて利用するか、というような課題にも流域思考は役立ちます。水循環に絡む諸課題は、規模の大小にかかわらず、そのすべてが「流域」という地形・生態系に関わっているのです。

もちろん治水・水土砂災害の分野ばかりが流域思考の対象ではありません。流域が集水した雨水をダム、堰《せき》、導水路などを介して利用する「利水」の観点からは、工業用水、農業用水、水道用水、観光、環境に関わる利水、発電に関わる水利用の領域すべて、流域における地形・生態系の水循環機能に関連する課題です。

集水できる水の量や質は、流域の地形、生態系の状態に大きく左右されます。鶴見川の流域には、工業利水、水道利水はほとんどないのでダムもありません。本流・支流各所の水田に農業用水を引く農業堰がありましたが、これも今ではほとんど廃止されています。

河川・水系の水質もまた流域の状態、管理状況に大きく左右されます。流域に大きな都市や工場群が広がっていても、下水処理施設が設備されてゆけば水質は改善されてゆきます。

雨水を集める雨水管は、下水処理場につながる合流管と、川に直《じか》につながる分流管に区分されます。鶴見川の流域でも、豪雨時に、処理場の汚水が雨水と一緒に河川に流出するトラブルを避けるため、近年の雨水管は分流式が採用されています。この場合、路面や町のさまざまな汚染が側溝に集まり、下水処理を受けることなくそのまま川に流入するので、河川水の汚染に影響することになります。流域に広がる土地で使用される化学肥料なども、適切な使用基準が順守されていなければ、雨の水と共に川へ流入し、水質汚染を引き起こします。

自然保護・生物多様性保全の分野も、流域思考で進めることが有効です。水系に沿って、源流から上流、中流、下流、海まで、連続した流域世界に、多彩・多様な生息地を分布させる流域は、それ自体が豊かな生物多様性を擁《よう》するまとまりのよい生態系＝生物多様性世界です。一九九六～二〇〇一年にかけて鶴見川流域で実践された生物多様性モデル地域計画（鶴見川流域）は、一級水系において、全国に先駆して実験された流域思考の総合的な生物多様性保全戦略でした。

流域生態系は、そこにおける水循環の管理の工夫によって、暮らしの安全、産業の展開、自然の保全に大きな影響を及ぼします。最もわかりやすい事例が、暮らしの安全に関わる治水課題なのですが、それだけではなく、産業や自然環境保全の諸問題もまた、流域思考で対応していくべき内容を多く含んでいるのです。

以上のような一般的な理解を土台として、国土交通省をはじめとする国の関連行政の分野では、流域管理の目標としてしばしば流域における水循環の健全化という表現が使用されます。治水、利水、環境、暮らし、産業、自然保全など、すべての分野にわたり、それぞれの流域の個性に沿って流域生態系の適切な利用・管理を進めること。そのように理解していただけるとよいでしょう。

二〇二〇年七月に発進された流域治水は、流域における水循環健全という課題のうちの「治水」という分野に焦点を当てたビジョンです。四〇年前に鶴見川流域でスタートした総合治水対策と基本は全く同じなのです。

3　総合治水を応援する市民や企業が登場

TRネットの登場

河川法、下水道法に基づいて計画的に治水対策を進めるのは行政です。鶴見川の場合は、国、東京都、神奈川県、町田市、横浜市、川崎市、一部稲城市の下水道部局、ならびに河川管理部局が分担し、水系・下水道管理を通して治水対策を進めています、総合治水では、これに加え、緑の保全や水田の盛り土規制、さらに雨水調整池の設置を、自治体が進めますので、河川・下水道以外の多様な行政部局の関与も不可欠になります。

現実の河川管理の現場ではクリーンアップや水辺環境の利用などの領域で、市民活動の参加・応援が必須という分野もあったはずです。河川法・下水道法の枠を越え、雨水貯留、緑地の保全まで視野に入れた総合治水対策の推進は、さまざまなレベルで市民・企業などの支援が求められていたといえるでしょう。森林や公園緑地の保全にあたっては、保水力の維持強化につながる整備作業を、地域（町内会）や市民が支援できます。雨水貯留を推進する分野では、個人や企業の自主的な貯留槽の設置による参加もありました。

しかし、そのような支援・連携は、総合治水対策が実施されてきた鶴見川流域でも、一九八〇年から九〇年までの第一期の総合治水の時代には限定的でした。市民活動と総合治水対策協議会の連携が一躍鮮明になるのは、一九九〇年から開始された新流域整備計画の時代からです。協議会と連携する市民活動の中心となったのは、一九九一年に創設された鶴見川流域ネットワーキング（ＴＲネット）です。

ＴＲネットは、水系・流域全域でイベント・広報・実践活動を進めることを趣旨として総合治水を応援する、数十の団体が連携した流域活動です。このＴＲネットが、協議会事務局を担当する京浜工事事務所（現・京浜河川事務所）、自治体の河川管理者、下水道や緑地管理者などとの連携をすすめ、総合治水の様々な事業を、行政・市民・企業・学校等が連携する展開へと誘導してゆきました。それがさらに、多元的な流域計画の策定にも、つながっているのです。

環境分野での連携が鍵

総合治水対策協議会とＴＲネットの連携が進んだ背景には、総合治水の推進に関連して行政、市民社会の領域で、環境分野の課題が注目された時代の動向がありました。

鶴見川流域総合治水対策の新流域整備計画では、河川、下水道の整備計画に加え、緑の保全、雨水調整池の確保や維持が強調され、さらには河川環境管理に関わるビジョンが提案されました。その中で、河川環境の保全のみならず、流域の規模で水と緑の拠点を整備し、つないでゆく水と緑のネットワーク構想が提示されたのです。

河川整備の領域では、多自然型川づくりの動向が当時の建設省河川局の大きな課題でした。一九九二年の地球サミットにおいて、気候変動枠組み条約と並んで提案され、九三年に日本も批准国となった生物多様性条約。それに伴い、環境省が発信した生物多様性国家戦略の動向なども、「環境」をテーマとした総合治水展開の大きな後押しになりました。

一九九三年、当時の国土庁が主宰する方式で、全国の河川・流域活動の状況を調査する懇談会が組織され、わたしが座長を務めました。すでにその段階で、鶴見川流域ネットワーキングと並び、あるいは先行する数十の活動が全国に進んでいて、急増する気配を感じていました。

河川対策において、多自然化を重視し、流域対策において保水力を支える環境保全を重視する一九九〇年前後からの河川行政の動向が、市民による親水活動や水辺・緑の保全活動を促したと考えられます。それが同時に、治水の問題へも関心を向ける市民活動の活性化を促したのでしょう。河川管理者との連携を模索する大きな時代の流れが全国的に形成されはじめていました。TRネットは、そんな時代の風を受ける形で誕生しました。

その時代、最も大規模に実施された流域グリーンインフラ関連事業が、生物多様性保全モデル地域計画（鶴見川流域）であったことはすでに触れた通りです。二〇二〇年に提言された流域治水の方策において、グリーンインフラの整備という表現で提示された分野そのものの、一つの先行事例と言ってよいでしょう。

この計画は、環境庁（現・環境省）主宰のもと、建設省（現・国土交通省）、流域関連全自治体、そしてTRネットが連携し、一九九六〜二〇〇一年までの五年間にわたり実行されました。環境省が数億円規模、建設省が数千万円規模、各自治体や市民団体も多額の予算を投入し、イベント・調査・モデル事業を展開した大規模な事業でした。

鶴見川流域ネットワーキングに参加し、流域各地で持ち場のある環境関連活動を展開していた団体を中心とする市民団体が、この計画の推進を通して、行政区を超えて連携し、生物多様性保全関連事業を治水対策へとつなげる活動を広げました。結果的に流域全域に総合治水応援の輪が広がりました。流域思考で治水を進める行政と、流域思考で防災・環境保全を推進する市民ネットワークの共同により、総合的な治水対策と流域の自然保護（グリーンインフラ整備）の分野の大きな連携交流がはじまったのです。

総合治水対策から水マスタープランの流域へ

一九九七年、河川法の改正という大きな動きがありました。この改正河川法では、利水・治水の二つの基本目標に加えて、河川環境の保全管理が、法目的に追加されたのです。この法改定をうけ、国土交通省から「多自然川づくり基本指針」も公表され、河川行政と市民運動の連携はさらに促進される展開となったのです。

さらに同時期の一九九九年、国土交通省京浜河川事務所は、ＴＲネットとも全面的に連携し、治水だけを流域計画の対象とする総合治水対策を、治水以外の課題にも拡張する総合的な流域ビジョンを作成しはじめました。学識者、流域活動を進める市民団代の代表、企業、行政から委員が選ばれ、流域という枠組みで、安全で、魅力的で、自然との共存を果たしてゆくことのできる流域社会・流域コミュニティ・流域文化を育てようという壮大な取り組みです。後日、「いのちと暮らしを地球につなぐ鶴見川流域・水マスタープラン」という標語で紹介されるようになった流域ビジョンの登場でした。環境省主導の「生物多様性保全モデル地域計画（鶴見川流域）」は二〇〇一年に中止となったのですが、同時期、河川行政との関連でいえば、多自然川づくりへの参加、水マスタープランの策定準備への協力という形で、流域管理と市民活動の連携は飛躍的に進んだのでした。

一九九九年に検討の開始された鶴見川流域水マスタープランは、二年にわたる原案の検討、さらに二年にわたるモデル事業の設定・整理・ビジョン文書の取りまとめを経て、二〇〇四年八月に国土交通省関東地方整備局、東京都、神奈川県、町田市、横浜市、川崎市（後に稲城市）の行政代表者が一堂に会して発足の式が挙行されました。この時、鶴見川流域は総合治水の流域から「水マスタープラン」（水マス）というさらに統合性の高い流域思考の実践を目指しはじめたのです。

水マスタープランは、

①治水の分野を基本としつつ、
②平常時の水系の水質・水量の問題、
③水系・流域全域にわたる自然保護の問題、
④震災・火災時の避難等を支援できる水系づくり、
⑤さらに水辺ふれあい活動を手掛かりとして流域意識を育む市民交流、市民文化づくりを進める、

という、五つのマネジメント分野を設定しました。

計画を推進する中心は、総合治水を進めてきた行政の連携体「鶴見川流域総合治水対策協議会」が「鶴見川流域水協議会」という名称で発展・改組され、担当しています。事務局は関東地方整備局京浜河川事務所。これを応援する学識者で組織された鶴見川

流域水委員会と、希望する流域市民で構成される鶴見川流域水懇談会が計画に関わる意見交換を進めます。

これを側面から支え、応援するのが鶴見川流域ネットワーキング（四十六団体）と、水マス推進サポーターとして登録されている企業・学校・市民団体（約一六〇団体）という配置です。

共有されている計画書には、それぞれの分野について、基本課題や関連課題を階層的に整理した一覧がまとめられています。これを参考にして、行政、企業、市民が率先して取り組む課題を選び、アクションプランという形式で推進計画を立て、協議会の進行管理を受ける方式となっています。アクションプランに登録しないさまざまな活動も、市民団体、推進サポーターなどによって自由に展開されています。

二〇〇四年のスタート以来、すでに一〇を超えるアクションプランが提案されています。継続されている主なアクションプランは、河川法に基づく河川整備計画と特定都市河川浸水被害対策法に基づく鶴見川流域水害対策計画です。後者には、雨水調整池の設置・維持を柱とする保水力の維持向上計画が組み込まれています。流域対策の一つとして、国の法律ではない方式で推進されてきた事業が、国法でも支えられる形になったということです。

市民団体主体のアクションプランでは、NPO法人鶴見川流域ネットワーキングが大きな成果を上げています。すでに成果を上げて終了した鶴見川流域クリーンアップ作戦や、外来種（アレチウリ）除去・在来種（オギ／アシ）回復のアクションプラン、さらには現在進められている花粉症誘発性外来植物（ネズミホソムギ）の群落を在来のキスゲ類のグランドカバーで置き換えてゆく「〝花咲く鶴見川〟アクションプラン」などが含まれています。

これらに引き続き、行政・市民が連携して推進する多自然川づくり、水辺の活用、小流域水土砂災害、温暖化豪雨対応、多自然・保水拠点づくりなどのアクションプランが検討されています。

二〇二一年現在、鶴見川の流域では、四十一年の歴史をへた流域治水計画である総合治水対策が、さらに多自然・多機能化され、防災、自然保護、地域文化づくりにまで視野を広げる流域思考の流域都市再生、流域都市計画をめざす「水マスタープラン」という流域統合計画に発展改変されて推進されているのです。

流域治水という名称で、二〇二〇年から国交省が呼びかけている新しい治水は、四十一年の歴史を刻んだ鶴見川流域総合治水を先行事例とし、その未来は、おそらく鶴見川流域水マスタープランをモデルの一つとするようなさらに統合的な流域計画、水循環健全を鍵として流域という大地の枠組みにおいて都市の未来を考える方向に向かってゆくのではないかとも、思われるのです。そのような総合的な関連が実現するまで、鶴見川における流域治水計画の扱いがどうなるかは、まだ明確ではありません。当面は、鶴見川流域における「流域治水プロジェクト」として、水マスタープランの新たなアクションプランとして実行される形になるのかもしれません。

鶴見川の総合治水は、止めようのない激しい市街化傾向を前提とし、その傾向に対して、河川・下水道部局が中心となり、先読み方式の治水対策として進められ、成果を上げた事例と考えることができます。これを引き継ぐこれからの流域治水は、近未来に予想される温暖化豪雨時代のさらに困難な治水を中心的な対象として、暮らしの安全、にぎわい、自然との共存をめざす、次世代型の、先読み方式の都市適応対策となってゆくのかもしれません。

それは、一九七七年、鶴見川における総合治水の検討と並行して、当時の国土庁が検討し、とりまとめた、流域を定住圏とする、第三次全国総合開発計画のビジョンとも、しっかり呼応するものと私は考えています。

4　流域開発への対応から温暖化未来への挑戦

流域規模で都市構造から考え直さなければ

これまでの鶴見川における総合治水は、激しい都市化による保水・遊水力の減少による流出（洪水）量の増大傾向をいかに抑えるか、あるいは氾濫被害を受けやすい低地市街地における暮らしの安全をどのように高めるかが目標でした。

その課題が今、大きく変化しています。地球レベルの気候変動に対応する温暖化豪雨時代の危機に対応するために、流域治水へ転換するという要請が、総合治水四〇年目の二〇二〇年夏に鶴見川流域へも届きました。激しい市街化傾向に負けない治水の推進という目標から、全国の河川流域へ、そしてもちろん温暖化豪雨時代まで見すえた治水の促進へという大転換です。鶴見川流域でこれから大きな焦点となるのは、都市計画自体の大規模な見直しを通した流域治水への合流と思われます。

これから温暖化豪雨時代が心配される現在、国交省は計画の規模（鶴見川の場合は一五〇年に一度の大雨）をはるかに超えて、一〇〇〇年に一度の豪雨が起きた場合、どのような浸水が予想されるかを推測し、全国の一級水系についての浸水予想図（ハザードマップ）を公表しています。

たとえば、鶴見川流域に想定最大の雨が襲うと、下流のみならず、中流や上流の低地でも三～五m、あるいはそれ以上の水没が予想される地域があります。大規模な遊水地域を新たに設定できたとしても、五～一〇mもの水没の想定される地域を水土砂災害から防ぐ従来型の現実的な治水対策がどれだけあるのか疑問でもあります。おそらく、建物の高層化、都市の構造そのものの工夫、居住地の移転など、都市構造の領域で対応してゆくしか道はないのではないでしょうか。流域規模で、都市構造から考え直す都市計画型の治水が求められているのです。

新しい流域治水の骨格的なビジョンとして、国土交通省は、
① 氾濫をできるだけ防ぐ・減らすための対策
② 被害対象を減らすための対策
③ 被害の軽減、早期復旧・復興のための対策
の三つをあげています。②③を進めてゆくためには、都市の作り方、移転や高台創出などもふくむ都市計画のあり方が、大きなテーマになってゆくのかもしれません。

想定最大の豪雨時に、五m、一〇mの水没の大規模浸水が想定される下流の大都市域を擁する鶴見川流域は、この分野でも先行するほかないはずなのです。

そんな状況も踏まえて、鶴見川流域における流域治水時代の総合治水の基本課題について、私見を記しておきます。急激な都市開発に対応する総合治水対策における未達成の課題、そして、温暖化豪雨時代への都市計画レベルでの対応という未来課題をふくめ

ての意見です。

（一）一五〇年に一度の豪雨でも下流域に大水害をもたらさない流域整備のための、河川法、下水道法、これらによらない流域対策を含む総合治水（＝流域治水）の、さらなる推進、前倒しでの計画推進、計画そのものの見直しが必要。特に、河川や下水道の施設整備に頼らない、保水、遊水力の大規模な拡大対策が必要になると思われます。

（二）支流流域等における流域の治水安全度に関する目標の設定と支流流域レベルでの流域治水の推進。

（三）丘陵地の小規模流域における局所豪雨による水土砂災害の危険に対応した流域対策の推進。

（四）温暖化豪雨のもたらす、高潮、海面上昇への対応。

（五）生物多様性保全と関連させた流域のグリーンインフラのさらなる整備。

（六）鶴見川・多摩川共通氾濫への治水・減災対応。

	河川法による河川整備	下水道法による下水道整備	流域対策（特定都市河川浸水被害対策法、水循環基本法などの他の法律・条例なども適用して進める流域の対策。左記は特記される事例）	治水以外の関連する目標	適用河川・水系
従来の治水	○	○	×	河川環境の保全管理各種の用水の確保（利水）	ほとんどの河川
総合治水対策 一九八〇〜	○	○	・保水対策（調整池整備・緑の保全） ・遊水対策（水田の保全等） ・低地対策（雨水貯留など）	河川環境の保全管理・流域の緑のネットワーク形成との連携	特定の河川水系 事例は多数
流域治水 二〇二一〜	○	○	・保水対策（調整池整備・グリーンインフラ整備） ・遊水対策（あふれさせる治水） ・低地対策（雨水貯留など）	グリーンインフラの整備	全ての河川水系
水マスタープラン 二〇〇四〜	○	○	・洪水時水マネジメント（総合治水） ・平常時水マネジメント（水質改善・支流の水量確保等） ・自然環境マネジメント（グリーンインフラ整備に相当） ・震災火災時マネジメント（水系を利用して震災時の救援をする） ・水辺ふれあいマネジメント（水辺ふれあい活動をとおして水系・流域への理解を促す）	水を目的とした流域総合治水を軸に、治水以外の、環境、地震防災、地域文化育成などの諸課題も、流域連携ですすめる	特定の河川水系 鶴見川流域・印旛沼水系など

図25　総合治水・流域治水・水マスタープランの簡単比較表

（七）想定最大豪雨時の浸水ハザードマップが水系各地で公表されていることをふまえ、治水・減災対策を超えた、都市構造そのものの見直しをテーマとした流域計画の推進が望まれる。

5　総合治水の流域拠点探検隊

総合治水、水マスタープランの現場は、会議や文書や計画の中にあるのではなく、バクの形をした二三五㎢の流域の、凸凹大地に広がっています。以下の章では、総合治水・水マスタープランを支える、あるいはその成果を受ける流域のいくつかの現場を訪ね、紹介してゆきましょう。

訪ねる拠点は、七〇年の流域暮らしの経験を活《い》かし、わたしが個人的にも親しんできた場所を優先することになると思います。個人的な感慨も含めての紹介になりそうですが、理詰めの議論で少しくたびれたかもしれない読書の時間に、しばしの息抜きともなれば幸いです。

図26　自然河口生麦の貝殻の浜広場。右前方は埋め立て地河口の火力発電所排気塔

河口〜源流〜そして再び河口へ

河口生麦

鶴見川流域の総合治水の拠点探検は、河口からはじめたいと思います。

大きな土手を越えると、広々とした川辺に出ます（図26）。川幅は向こう岸まで三〇〇m。足元に広がる公園風の親水広場は、まるでサンゴ礁の海岸のような白さです。踏めばぎゅっとよい音のする二枚貝の破片が一面を深く覆っています。

ここは、横浜市鶴見区生麦、かつて、旧東海道の道沿いににぎわった漁業の町。エビやカニやハゼなど、生きものたちのにぎわいにあふれかえる、貝殻の浜と呼ばれる親水広場一帯が、都市一級河川鶴見川の、自然地形としての河口です。

最寄りの駅は、鉄道ファンなら知るはずの鶴見線・国道駅。JR鶴見駅で、鶴見線に乗り換えて、一つ目のアルカイックな不思議な駅舎を出て、徒歩五分で河口につきます。上流方向には遊漁船がひしめき、まだアナゴ漁をする船もあるのかもしれません。江戸時代から有名な漁港、漁村、生麦は、国道駅の脇が旧東海道。白い海岸は、長く続いたむき身業の積み上げた貝殻の地層です。

江戸の昔から鮮魚の朝市で賑わった一kmほどの旧道沿いに昔の面影はありませんが、七〇年ほども昔、対岸の工場群の中で幼少時代を過ごしたわたしは、祖父につれられて毎日のようにその朝市に通い、目の覚めるように美しい魚やカニやエビの光景に圧倒されたものでした。

上流の岸に係留される遊漁船の向こうに大蛇行する鶴見川の流れが見えます。ここから流路に沿って四二・五km西に向かえば、東京都町田市上小山田町の源流。その源流から二km程南の団地が、三六年前の春以来、わたしの自宅のある町になっています。

河口といっても、ここで海の景色に変わるわけではありません。南に向かってなおコンクリート護岸に囲まれた直線状の水路が延び、周囲は隙間なく大工場が展開しています。ここから先、日本の重厚長大の産業革命の拠点となった京浜工業地帯の埋立地が、横浜港に向かって延びているからです。

しかし幸いなことに、この白い海岸から、埋立地先端の第二の河口の位置がわかるのです。彼方に巨大な白い排気塔が二本。ツインタワーという名前で地域に知られる高さ二〇〇mの二本の大煙突がそびえていて、そのふもとが、自然の河口生麦から二km南に位置する埋立地先端の第二の河口なのです。そこは横浜港を横断するベイブリッジの北側の着地点でもある、横浜市鶴見区大黒町の埠頭先端。二本の白い巨塔は、河口に位置するJERA横浜火力発電所の煙突です。

鶴見川本流はマラソンコースとほぼ同じ四二・五kmと、鶴見川を学ぶ子どもたちは覚えるのですが、それは、河川法で源流地と定められた新橋という最源流の橋からここ生麦の浜までの流れの距離。最源流の山頂はその橋からさらに二km上流、人工の第二の河口は生麦の貝殻の浜から下手さらに二km先。大地に延びる鶴見川本流の全長そのものは、法律の決める長さより四kmほど長い四七kmということになります。

今日こんなに穏やかな河口ですが、流域に豪雨が襲えば、この河口に大洪水が下りてくる。流域安全を目指す地域、国、自治体の宿願が果たされ、今しがた降りてきた大きな護岸がこの地に整備されたのは、二〇〇七年のこと。白い貝殻の浜はそのおりに、市民団体の強い要望もあって保全・整備された広場です。

町田市北部丘陵・源流保水の森

河口の次は一気に源流に向かうことにしましょう。

ＪＲ淵野辺《ふちのべ》駅、あるいは小田急電鉄多摩線の終点の唐木田駅からタクシーで二〇分。鶴見川と多摩川の分水界にそって延びる南多摩尾根幹線と呼ばれる片側三車線の都道沿い。東側斜面の多摩市の貯水塔を目指します。

塔の南側の細道を上ると、中間点に、「多摩よこやまの道」の案内看板があります。ここは東京都八王子市、多摩市、町田市三市が接する地。一帯は、平安末期から鎌倉時代にかけて壮大な軍馬の養成地、小山田の牧として知られた丘陵の最高地点にあたります。

図27　鶴見川源流展望地から町田北部丘陵を見る。中央鉄塔左脇稜線の白い二本の塔は河口火力発電所の排気塔

案内看板を登りきると、道沿いに「鶴見川源流展望地」（町田市）の掲示と木柵があり、東側前面は、視野いっぱい森林地帯が広がります（図27）。ここは、一級水系鶴見川の最源流、町田市北部丘陵とよばれる保水の森。町田市上小山田町から町田市鶴川付近まで、鶴見川源流の流れの左岸側に広がる、東西一〇km、南北一km、面積一〇〇〇haの大きな雑木林地帯なのです。本流の右岸側に広がる民権の森公園、七国山の緑を含めると全体一三〇〇ha規模になるはずです。

二〇二一年現在、鶴見川流域の市街地率は八七％。残る緑地一三％の半分がまとまった森林だとして一六〇〇ha規模。その六～七割が町田の北部丘陵に集中していることになります。当地はもちろん鶴見川流域最大の森。キツネ、ムササビ、アナグマ、ウサギ、オオタカや、フクロウや、時にはイノシシやニホンザルも登場する雑木林。オオムラサキをはじめとする希少な昆虫や植物もにぎやかに暮らす源流の緑です。

好天なら見渡す限りの森林帯の彼方に川崎、横浜の臨海部のビル群が展望できます。真冬の快晴なら正面に初日がのぼり、彼方に房総半島の青い尾根を見渡すこともできる絶景地です。その正面に白い二本の塔。横浜市鶴見区の埋立地、大黒埠頭《ふとう》の横浜火力発電所のツインタワーが見えるのです。

一〇〇〇～一三〇〇haの源流の森がどのくらいの量の雨を保水できるのか公式の数値が示されているわけではありません。時間五〇㎜程度の雨は楽に保水するでしょう。森が良好に管理されていれば、時間一〇〇㎜程度の雨でも、大規模な流出は起こさず保水できるのではないかと思われます。面積をかければ一五〇万㎥規模の雨水が、この森で保水されるということになりますね。

北部丘陵の大規模な森は市街化調整区域に指定され、野津田公園、図師小野路歴史環境保全地域、小山田緑地などの保全地域に加え、展望地周辺の最源流部四〇haの狭義の「鶴見川源流保水の森」を含めると、全体の三〇%ほどがすでに保全されています。

当地にはこれまで大規模な市街化計画が幾度もあったのですが、その都度、町田市は総合治水対策の源流保水地域の森であることに配慮し、慎重に開発計画を検討し、国の強い意向もあって、現状の保全状況となったものなのです。

大規模な保水力を支える町田北部丘陵の今後は、豊かな自然を守りつつ、そこに暮らす町田市民の暮らしの基盤整備をいかに適切に進め、安全で豊かで魅力ある源流の森を維持してゆくか、大きな課題に直面しています。流域治水の方針を受けてあらためて源流保水地域の緑に注目が集まってゆくことでしょう。

森の保水力の恩恵をうける下流横浜、川崎の行政・市民・企業から、総合治水の流域連携を通した大きな支援も期待されているところです。

源流の町の調整池群

展望地から、地元の、私が代表をつとめるNPO法人(鶴見川源流ネットワーク)による整備の進む源流の谷（野中谷戸・保水の森）の散策路を辿《たど》って下手に二km、小山田バス停留所の東に、原形のまま保全された鶴見川源流の流れにそった延長五〇〇m規模の町田市の公園、「上小山田みつやせせらぎ公園」があります。公園のせせらぎとなった、かつての鶴見川源流の流れの水源は源流地の自然の湧水。保全されたせせらぎは、ホタルや、ホトケドジョウなども暮らす清流です。

その流れの端末に、面積〇・九ha規模の、杉谷戸雨水調整池があります。一見するとアシ・ガマの茂る池のようですが、ここは豪雨時、周辺の町に降った雨の水をいったん貯留して、ゆっくり川に流す保水効果をしめす総合治水の流域治水施設。鶴見川流域最源流の雨水調整池なのです。

かつて「杉谷戸」と呼ばれる小流域とその下手の水田地帯だった当地は、二〇〇〇年代初頭、谷戸を含む周辺が二三haの広さで整地され、はなみずきの丘と呼ばれる団地となりました。その開発にあたり、在来の雑木林や田畑が保水していた雨水を貯留するための雨水調整池として、一・一五万㎥の貯水容量のある杉谷戸調整池が設けられたものです。

図28　小山田桜台東のかも池調整池

当地は、市民団体の提案を受けて、底地をコンクリート構造とせず、自然のままの状態とし、源流から湧水が誘導されて、希少な源流の生きものたちが暮らす多自然調整地として整備され、以後、TRネットに参加するNPO源流ネットワークによる管理作業が続いています。

ここから南に一㎞ほど丘を登りきると、森に包まれた尾根の南東側に、鶴見川源流地最大、一六〇〇軒規模の住宅を擁する小山田桜台団地があります。

団地中央部を周回するバス通りに沿って進むと、東西南北に、それぞれ一か所ずつ大きな池が配置されています。杉谷戸同様、これらもまた、開発前の緑が支えた大規模な保水力を担保するために、総合治水対策に沿って設置された雨水調整池群。東側の、かも池調整池（図28）は、三・五万トン規模、北調整池は一・五万トン規模、西の風の池は三万トン規模という、いずれも湖のような大規模な調整池です。南の谷奥には谷戸池と呼ばれる昔からの静かな池があり、周囲を整備されて小規模な調整池機能を果たしています。

小山田桜台団地は、鶴見川流域と境川流域を分ける多摩丘陵主尾根北側斜面に広がる、標高一〇〇m前後の高台の町。降った雨で浸水被害がおこることはありません。団地整備時に、団地開発の予算によって確保されたこれらの池は、町田市、川崎市、町田市の下流の町の水害を緩和するために設置された治水施設なのです。

ここで紹介した調整池は、いずれも大型の治水容量を持った施設ですが、流域には大小五〇〇〇か所に上る雨水調整施設が配置され、総量として三一一万トン規模の雨水を貯留して総合治水の流域対策を支えています。

図29　鶴見川上流端表示

新橋上流端

杉谷戸雨水調整池から、源流の流れに沿って二〇〇mほど進むと、新橋と呼ばれる小さな橋があり（図29）、その脇に「一級河川つるみ川上流端」という文字のある看板が立てられています。実は、ここが法律で指定されている一級河川鶴見川の始点です。

鶴見川の長さは四二・五kmという場合、河口生麦干潟から測って、当地が四二・五km地点ということです。この地点から上流の流れは、地下の水路と公園内のせせらぎの二本の流れになっていますが、いずれも法律上は川ではなく、地下の流れは下水道法で管理される都市の雨水路、公園内の流れは公園内のせせらぎとして管理されています。

鶴見橋河川整備現場

鶴見川は典型的な都市河川と言われるのですが、本流の源流部は現状でもまだ素朴な護岸に囲まれて蛇行する自然河川の様相で、一九九〇年代に入って本格的な河川整備が進んでいます。

自然状態の源流部の流れは、周辺地域に豪雨が降ると、川に流れ込む雨水で増水する

図30　町田市の河道整備現場

流れを安全に流す容量（河川の断面）がありません。源流部でも川の周囲に市街地が広がっていますので、氾濫や浸水を避けるためには、河川の流れを直線化し、川幅の拡張や川底の掘削などをして、単位時間あたりの川の流下能力（洪水流量）を増加させるための河川の整備を、河川法の要請に従って計画的に進めなければならないのです（図30）。

東京都による町田市内の鶴見川の河川整備は、地元の要望や、市民団体の提案を様々に受けて、治水安全の向上だけでなく、自然の保護にも配慮した、丁寧な方式で進められていますが、なお上流に向かって数

㎞の未整備区域が残されています。温暖化豪雨時代への対応をふまえれば、整備はさらに前倒しで進められるべきと思われます。河川整備にとどまらず大規模な遊水地の確保なども視野に入れた整備計画の抜本的な改定も含めて、今大きな転換が期待される現場です。

小野路川河口

源流新橋から六・二㎞下手左岸で、小野路川という支流が本流に合流しています。実はこの流れは法律上は川でなく、下水道法で管理される都市雨水路（小野路1号雨水幹線）です（図31）。

鶴見川の源流都市である町田市には、鶴見川本流と、最大支流である恩田川の二本が流れており、いずれも管理者は東京都建設局河川部です。これに複数の支流が合流しているのですが、支流の管理をしているのは、東京都ではなく町田市の下水道部なのです。町田市に河川部局があれば、これらの支流は、河川法で管理されるのですが、町田市に河川部局がないために、下水道法で管理される流れということになっているのです。

図31　小野路川下流。これは下水道管理の水路

下水道は汚水の処理だけが仕事という常識があるかもしれませんが、それは間違い。町に降った雨が河川に流れ込む途上は、河川管理ではなく下水道法によって管理されています。小野路川はその見本。町田には同様にかなりの規模の支流がいくつもあり、いずれも町田市下水道部によって、治水のための整備、多自然型の流れの管理が、下水道法による対策として進められているのです。

恩廻公園調節池

源流の新橋から八㎞ほど下ると、鶴見川本流は、小田急電鉄鶴川駅の脇を流下します。ここから下手の本流は、東京都管理と、神奈川県管理が交互に入れ替わる不思議な区間になります。行政区の境と河川の位置がずれるための現象で、昔大きく蛇行していた川が改修されると、よく見られる光景です。

鶴川駅脇から二・五km下ると、左岸から麻生川という大きな支流が合流します。その合流点の直上、右岸に、恩廻《おんまわし》と呼ばれる地域があり、神奈川県の管理する恩廻公園調節池という施設があります。見た目は大きなすり鉢状の広場と管理棟のある施設なのですが、実はこの地下に一〇万トンの洪水を貯留できる大規模トンネルが整備されており、恩廻遊水池と呼ばれているのです。

調整池は、丘陵や町に降った雨が川に流入する前に一時貯留して(流出量をしぼりこんで)保水貢献する施設なのに対して、遊水地(調節地ともいいます。地、池、どちらを使うかは、場所ごとに決まっています)は、川を流下する洪水がある規模を超えた大きさになった時に、流下量のピークを計画的に越流させて一時貯留する施設。恩廻遊水地は、本流を流下する洪水が麻生川からの流下水と合流してさらに大規模化する直上の地点で、洪水のピークをカットする神奈川県の管理する河川法対応の治水施設です。

図32　寺家橋から下手を見る

図33　市ヶ尾の下手・左岸水田地帯。遠方の家並みの向こうが本流

水田の広がる遊水地域

麻生川が合流するあたりから、本流の左右に広い低地が現れます。水車橋、寺家橋付近から左岸側に広がるのは早野と呼ばれる農地と谷戸の領域（図32）。右岸に広がる水田・丘陵地は、三輪の里、寺家ふるさと村、こどもの国などを擁する面積二・五㎢規模の大緑地帯です。

ここから下流六kmほどにわたり、鶴見川は、幅二〇〇～五〇〇mほどもある氾濫原の中を流下します。氾濫原の大半は市街化調整区域に指定され、水田、畑、果樹園として利用されています。総合治水の地域指定で、遊水地域とされている地域にあたります（図33）。

豪雨で川を流下する洪水が増大し（こんな表現も理解していただけるようになりましたか？）、土手を越えてあふれ出すと、氾濫水は一時水田地帯に広がり、滞留します。それによって下手に流下する洪水の量を抑えて治水効果を発揮することが期待されてきたのです。

盛土をして田んぼを畑にすると遊水力が低下するので盛土を控えてもらい、可能なら畔《あぜ》を強化して洪水の一時貯留の効率も上げてもらい、効率よく遊水機能を発揮してもらう（いわゆる、「あふれさせる治水」という機能です）との期待があっての地域指定でした。これまでのところ、鶴見川の流域では、文字通りの「あふれさせる治水」が大規模な事業として展開されることはありませんでしたが、水田構造が維持されてきたことだけでも、実質的にはかなりの治水効果があるものとも思われます。恩田川、早淵川などの大きな支流の中上流部にも同様の氾濫原農地が展開しています。いずれも、総合治水対策において、遊水地域とされてきました。

氾濫原の農地ベルトを抜けた鶴見川本流は、新橋から一八・二kmの地点、落合橋の直上で、最大の支流である恩田川と合流します。その地点から一km上流左岸に、横浜市の地下鉄（グリーンライン）車両基地の地下を利用した川和遊水地があります。神奈川県が管理する一〇万㎥規模の地下の遊水地。管理棟の白い壁に、鶴見川の水系模様と、流域連携の象徴であるバクのアイコンが刻まれているのが印象的です。

温暖化豪雨時代の流域治水のビジョンからすれば、これら上流・中流域左右岸の広大な遊水地域には、都市農業、都市施設の共存する、新しいタイプの、多目的遊水都市域が工夫されてよいと思われます。本流、恩田川、早淵川などの上中流域全域で工夫が進めば、都市開発とセットで、一〇〇万〜二〇〇万トン規模の遊水地帯を創出することも可能なのではないでしょうか。

都筑水再生センター

恩田川合流点前後の本流左岸に沿って、面積八ha規模の横浜市営の大きな下水処理場、「都筑水再生センター」（図34）があります。横浜市は下水処理場を「水再生センター」とよびます。下水処理場は、家庭の雑排水を、微生物の力で浄化する施設。都筑水再生センターは周辺地域六〇万人分の排水を処理しています。

処理された水は落合橋左岸、上手、下手の2か所の放流口から鶴見川本流に放水されます。近年の下水処理技術の向上はめざましいものがあり、放流水の水質はアユも暮らせるレベルだろうと思われます。高度処理された放流水の一部は、江川と呼ばれる水路となって本流左岸に沿って流下し、中流左岸から本流に合流する大熊川の河口に誘導されています。

図34　恩田川合流点にある都筑水再生センターの処理水放流口

治水との関連でいえば、実は下水処理場は、小規模な洪水発生源のような存在でもあります。鶴見川は上水機能（水道水を取水する）がないので、流域に暮らす二〇〇万市民が利用する生活水は、鶴見川に降り注ぐ雨水を利用しているのではありません。多摩川、利根川、相模川、酒匂川など別水系から誘導されます。流域外から持ち込まれる他流域由来の雨水が、下水道を通し、下水処理されて鶴見川に放流される場所が、その放流口でもあるからです。

総合治水の啓発事項のなかに、「大雨の時は風呂の水を流さないでください」という注意があります。水道水に由来する風呂水は、流域の外からの追加の「洪水」（！）になってしまうので、確かに合理的な要請、合理的な治水対策なのです。

他流域に由来する家庭排水などの汚水と、鶴見川流域に降った雨水が同じ下水管で運ばれて下水処理場に到達する場合もあります。そのような形式を合流式といいます。これに対して、汚水・排水と、雨水を別の管で運ぶ形式もあり、こちらは分流式と呼ばれています。丘陵地の家庭排水を受ける都筑水再生センターはすべて分流式となっています。

鶴見川水系には、町田市に二か所、横浜市に三か所、川崎市に二か所、合計七か所の下水処理場が配置されて、流域全域が下水処理区となっています。町田市の下水処理場は「クリーンセンター」、川崎市の下水処理場は、「水処理センター」と呼ばれます。下水処理場の呼称は、残念ながら、流域一貫ではありません。

中流の河道・高水敷と氾濫原

落合橋上手で恩田川と合流した鶴見川は、ここから四㎞ほどにわたり、東に向かってゆるやかに蛇行しながら流れてゆきます。鶴見川流域全体を乗せる大地の配置でいうと、合流点の付近は多摩丘陵の領域がおわり、下末吉台地に変わる地点。流れの早い瀬を繰り返して流下した鶴見川は、ここから先、傾斜のゆるやかな中流の区間に入ります。

左右の土手のそれぞれの外側（町側）の斜面下を両端とする区間を、河川区域といいます。当地から下流に向かって、河川区域の幅は急に広がって一〇〇～一五〇m。その中央を流れる幅三〇～四〇mほどの流れの左右岸に、大雨の時だけ川になる、標高の少し高い、高水敷と呼ばれる帯状の平地があります（図35）。合流点から、河川区間、川幅、高水敷が急に広くなり、土手も頑強になっているのは、二本の大きな川が大雨の時に集める流れ（洪水）を、傾斜のゆるやかな中流の河道で安全に流すため、つまり治水対策の基本方策ということになりますね。

ちなみに、土手、流れ、高水敷を含む河川区域を管理する法律が河川法。その法律に基づいて河川区間管理をするのが河川管理者、河川管理者が河川整備をすすめるための計画が、河川整備計画ということになります。

中流域は、河川区域の左右に、数百m規模の低地（氾濫原）が広がっています。この低地は、六五〇〇年前の縄文海進期に遠浅の海と岸辺の湿地帯だった場所。その後現在に至るまで、海面は平均数m低下し、川辺の氾濫原として現在に至っているのです。

鶴見川中流の氾濫原は、歴史的には、少なくとも数百年にわたって水田耕作に利用されてきた場所でもあります。水田のままであれば、豪雨時、越流する洪水を湛水（水を貯めること）して遊水機能をはたすことのできる地域（遊水地域）なのですが、今は大半が市街化され、住宅、工場、商業施設が林立し、遊水機能を発揮するのではなく、逆に治水安全を保護されるべき地域になりました。かつては下流の氾濫を緩和する機能も工夫できた場所が、いまは、当地から上流の集水域（流域）における総合的な治水・流域治水によって、治水安全を工夫される場所となったということですね。

鶴見川の場合、将来、市街化の進んだ中下流域で、河川区間をさらに拡大したり、堤防を大型化したりする整備は難しいと思われます。とはいえ、河道に堆積する土砂の除去や、高水敷で流下能力を阻害する植生を適切に管理することなど、治水のための日常的な河川整備の仕事はずっと継続されるべきものといっていいでしょう。

本格的な河川整備以前、一九七〇年代までの中流部の氾濫原は、何度も水害に見舞わ

図35　鴨池橋下流は広い高水敷になっている

れていますが、総合治水がスタートした一九八〇年以降、当地における外水氾濫の被害はありません。ただし、一五〇年に一度の規模の豪雨（流域平均二日間雨量四〇五㎜）があれば、ほぼ全域にわたり、〇・五〜三mの深さの水害があり得ると予想されています。想定最大の豪雨があれば、予想される浸水深が、三〜一〇mに達する地域もあるのです。

ここで紹介した区間についても、企業群を含む大規模な流域治水対応の都市再開発の計画が可能であれば、地形本来の遊水機能を生かして、地下遊水地帯に再生してゆくことも可能なのかもしれません。三〇年、五〇年先の課題なのでしょうね。

鶴見川多目的遊水地

恩田川と合流した鶴見川本流は、六km流下して、下流との境界地に達します。境界地は、上総層と呼ばれる岩盤が露出して急流となり、数mも落下する場所です。斜路の直上は西に富士を展望する絶景を楽しむことのできる亀甲橋《かめのこうばし》（図36）です。

わたしは、ここを、中流・下流の境界とするのが適切と考えています。この段差が川の特徴を激変させているからです。段差の下の流れは、海の上げ潮・引き潮の影響を受けて、川面の高さが変わるのです。ここまで海水が遡上するわけではありませんが、上げ潮時に下流下手に逆流する海水が流れをブロックするために、当地でも、上げ潮で水位が上がってしまうのです（こういう流れを感潮河川と呼びます）。鶴見川の場合、感潮河川への移行点が段差で明瞭なので、自然の構造としての下流・中流は、ここで分けるのがいいというのが私見です。

橋と直交する本流の右岸に、土手で仕切られた広大な公園のような緑地が広がってい

図36　亀甲橋下手の風景

図37　鶴見川多目的遊水地

ます。かつて当地は豪雨のたびに水没する一面の水田地帯でした。一九八〇年代半ば、その地に、河川法に基づく河川対策として大規模な遊水地が計画され、二〇〇三年、機能開始したものです。本流右岸に沿って延長一八〇〇m、面積八四ha、貯水能力三九〇m^3の鶴見川多目的遊水地、「新横浜・ゆめオアシス」という愛称もある巨大な治水施設です（図37）。

通常時は、運動広場、緑地、大きな池のある公園のような光景です。国土交通省が機能管理する遊水地のかなりの部分を、平常時は横浜市が、公園、スポーツ広場、自然保全地として利用・管理し、さらには大規模な競技場も設置しており、横浜市は当地を新横浜公園と呼んでいます。

本流と遊水地は大きな土手で仕切られています。遊水地も河川区域なので、この土手は、普段も流れている川と普段は水の流れない遊水地という機能の異なる二つの領域に河川区域を、仕切る土手です。そんな土手を、河川管理者は、特に、囲繞《いぎょう》堤と呼びます。聞きなれない難しい用語ですね。

その土手の上手四三〇mほどは、他の部分よりも三mほど低く設定されており、流域が豪雨に襲われて、上流の流域（集水域）から大規模な洪水が流下すると、洪水のピークがその低い土手の部分（越流堤といいます）から越流して、遊水地に湛水される仕組みになっています。湛水された洪水は、本流の水位が下がったところで、下手の感潮河川区域に設けられた排水門から自然排水されるのです。

二〇〇三年に機能開始されて以来、二〇二一年の現段階まで、当地はすでに二一回の湛水実績があります。最大記録は、流域平均二日間雨量三二〇㎜の豪雨が流域を襲った二〇一四年一〇月の台風一八号のおり、一五四万㎥の洪水を湛水しています。

その日は中規模の線状降水帯だったのですが、時間四〇㎜規模の雨があと数時間降り続けたら、多目的遊水地は満水になったかもしれません。

平常時はスポーツ公園のような光景ですので、横浜市の公園が豪雨時は遊水地として利用されていると誤解されることも多いのですが、そもそも当地は鶴見川流域の河川対策として設置された遊水地（河川区域）という治水施設。豪雨時の遊水地として整備された河川区域のかなりの部分が、平常時は、横浜市の公園、スポーツ施設等としても多目的に利用されているのです。二〇一九年台風一九号の話題ですでにふれたとおりです。

地域防災施設鶴見川流域センター

ＪＲ横浜線小机駅から北に徒歩八分、多目的遊水地脇に、大きな鉄塔のある四階建ての施設があります。多目的遊水地の治水機能を管理する国土交通省の流域管理センター（図38）です。その二階は、鶴見川流域センターと呼ばれる防災広報施設。鶴見川流域の治水の歴史、総合治水、水マスタープランを紹介する、広報・研修施設として、一般市民に開放されています。

展示ルームの床には鶴見川流域全体の細密な衛星写真が貼られていて、市街地、農地、自然地の全体配置、水系の詳細までリアルに確認することができます。

壁に貼られた流域地形図は、流域諸地域の標高が色分けされていて、流域思考で治水を進めるということがどういうことなのか、直感的に全体像を摑《つか》むこともできるようになっています。

床には四〇〇〇分の一に縮小された流域全体の空中写真が貼られています。踏み歩いても大丈夫。個人住宅まで明確に判別できる精度で、流域の町、農地、森、施設、交通路などを詳細に確認することができます。

図38　地域防災施設鶴見川流域センター

図39　鳥山川合流点下手の大曲河道

大曲の雨水調整池

多目的遊水地の下端は、右岸から合流する鳥山川との合流点です。この地点で、本流はほぼ九〇度北向きに流れを変えるので、大曲《おおまがり》ともいわれる地点（図39）。その屈曲点左岸にある地下鉄車両基地は、地下に大きな雨水貯留施設があり、「長嶋の調整地」と呼ばれています。かつて大きな水田地帯の端にあって、水鳥の遊んだ湿地が、いまは、流域五〇〇〇か所の雨水調整池の一つとして生まれ変わっているのです。

港北水再生センター

大蛇行後、北に向かう流れの右岸側に、面積一二ha規模の港北水再生センター（図40）があります。港北ニュータウン地域など周辺地域の五五万人規模の生活排水を処理する下水処理場です。

丘陵地に位置する都筑の水再生センターは、町に降った雨水を処理場に誘導しない分流式でしたが、港北水再生センターは、家庭からの排水と雨水を一緒に処理場に集中させる合流管の方式なので、大雨の時の雨水は処理場脇の排水口から、一部未処理の排水

図40　港北水再生センターの処理水放出口

とともに放流される可能性があります。

　多目的遊水地のある横浜市港北区小机地域から下流の低地帯は、雨水が下水処理水と合流して、ポンプ排水では処理しきれずに内水氾濫を引き起こしてしまう可能性があります。そこで、下水道管理者である横浜市は、町に降った大量の雨水の一部を、合流管や側溝から取水して地下の大型貯留管に貯めているのです。港北水再生センターの敷地には、新羽・末広幹線とよばれる全長二〇km、貯留量四一万㎥の、巨大な地下貯留管の入り口（管理孔《かんりこう》）があります。

綱島・早淵川合流点

多目的遊水地の下手の大曲で北に流路を変えた鶴見川は、二・五km進んだところで再び九〇度東に流路を変えます。そこから五〇〇m進んだ地点の左岸側（河口から一〇km）から、港北ニュータウンの雨水を集める早淵川が合流（図41）。合流点から下手一kmにわたって緑濃い綱島の多自然拠点が延びています。npo・TRネットが、行政、地元自治体、企業、地域と連携して、安全で、魅力的な緑の多自然空間とし日常的にお世話をしている川辺です。

合流点から下流で左右の土手の間隔は一気に広がり、一五〇〜二〇〇m規模になります。合流後の大きな洪水を無事に流すために、大規模な河川整備が実行された結果です。一九五〇年代後半、合流点あたりで魚捕りを楽しんだ少年時代の私の記憶でいえば、川幅は六〇年前の三〜四倍くらいになっているのではないかと思われます。

多目的遊水地が機能しはじめてから、かなりの雨が降っても、大曲から下手の下流域はかつてのような水位の上昇を体験せずにいるはずです。

しかし油断は禁物です。上中流域の豪雨が生み出す洪水が、多目的遊水地を満水にし

図41　早渕川合流点。綱島寄り洲

てしまえば、下流の水位はその後、一気に上がるからです。一五〇年に一度の規模の豪雨で氾濫が起きれば、早淵川合流点から下流の町は、三m規模の水没が想定されています。想定最大の豪雨なら、三～五m、場所によっては一〇mの水没になると予想されています。

矢上川合流点の大浚渫

早淵川合流点から東に流下する鶴見川は、二km進んだ地点で北回りの半円形の大蛇行を始めます。その半円の頂点の位置、河口から六kmの地点で、左岸から最後の支流、矢上川が合流します。横浜市港北区、川崎市幸区・中原区・高津区・宮前区の一部から雨の水を集める都市河川です。

ここから河口生麦まで、川幅は広がることはないのですが、水深が一気に深くなります。川幅を広げること、土手を高く強靭《きょうじん》にすることはもちろん有効ですが、同じように有効なのが川底を深く掘る浚渫なのです。

川が単位時間に排水できる洪水の量は、川の断面積に比例します。川幅を広げることが難しい都市域では、川底を深く掘り、河川の断面を広げ、流下能力を向上させることで氾濫を回避、緩和することができるのです。鶴見川では、矢上川が合流するこの地点直上部から下流において、一九七〇年代末から大規模な浚渫が実行され、両岸の治水安全度が高められてきました。その作業が、総合治水対策の幕開きともなったのでした。

流れる川の水は、浸食、運搬、堆積を続けるので、大浚渫後の下流域も、定期的な浚渫が継続されています。とはいえ、さらに大規模に川底を浚渫する方策は、すでに有効性を失っている可能性が大きいと思われます。海水の抵抗が限界に達しているはずだからです。

「ドラゴンゾーン」（鶴見川・多摩川共通氾濫域）

早淵川合流点から下手の鶴見川の左岸は、綱島、日吉、夢見ヶ崎などの一部の丘陵地をのぞいて、ほぼ全面が、縄文海進時には海底だった沖積平野、標高〇〜四mほどの一面の低地帯です。北を流れる多摩川との間隔は、二・五kmから八km。間に分水界があるのですが、高度差の小さな微高地であり、大豪雨で多摩川、あるいは鶴見川が氾濫すれば、どちらから出水しても、分水界を越えて他方の流域に洪水が広がる共通氾濫域なのです。

戦前、昭和一三年秋の大豪雨の折は、多摩川中流から流下した透明な洪水が低地の分水界を越え、また支流の矢上川をとおして鶴見川の右岸、鶴見区駒岡を襲い、鶴見川そのものの氾濫とあいまって大水害となりました。江戸の昔、幕府は、多摩川下流右岸、鶴見川下流左岸の広大な水田地帯に、塩分のない灌漑《かんがい》用の河川水を配水するために、多摩川中流域から二ヶ領用水という人工河川を延ばしました。その支流の一つ、渋川という人工河川が多摩川・鶴見川の分水界を横切って鶴見川支流の矢上川に接続され、現在にいたっているのです。その河口の対岸、鶴見川の右岸の駒岡の地には、白い水・黒い水という言い伝えがあります。泥を含んだ鶴見川の氾濫水は引くのも早いが、多摩川から流下する透明な水（白い水）による氾濫は規模が巨大で、水没期間も長いことを言い伝えているのです。

多摩川に豪雨が襲えば、実は、渋川の経路にかぎらず、多摩川各所からの氾濫水が、鶴見川下流の左岸全域にひろがると、ハザードマップは予想しています。大豪雨の時二つの河川を合わせたこの地は、実は、一つ流域の同じ氾濫域に変貌するということでもあるのです。

本書の取り扱う範囲を超えるので詳論はできませんが、厳密に言えば、機能的な流域は地形によって固定された範囲ではありません。豪雨が襲えば、普段は別とみえている河川が下流で合一して同じ川となり、共通氾濫することがある。豪雨時の流域は、その氾濫を引き起こしている二つの流域を合わせたものという理解ができるのです。多摩川下流と鶴見川下流にはさまれたこの領域をわたしは、「ドラゴンゾーン」（図42、43）と呼んでいます。多摩川の「た」、鶴見川の「つ」で、竜ゾーン、ドラゴンゾーン、デンジャラスゾーンという語呂合わせです。

一九三八年以降、ドラゴンゾーンを全水没させる規模の豪雨（一〇〇年に一度くらい

図42　川の左に広がるすべての町がドラゴンゾーン

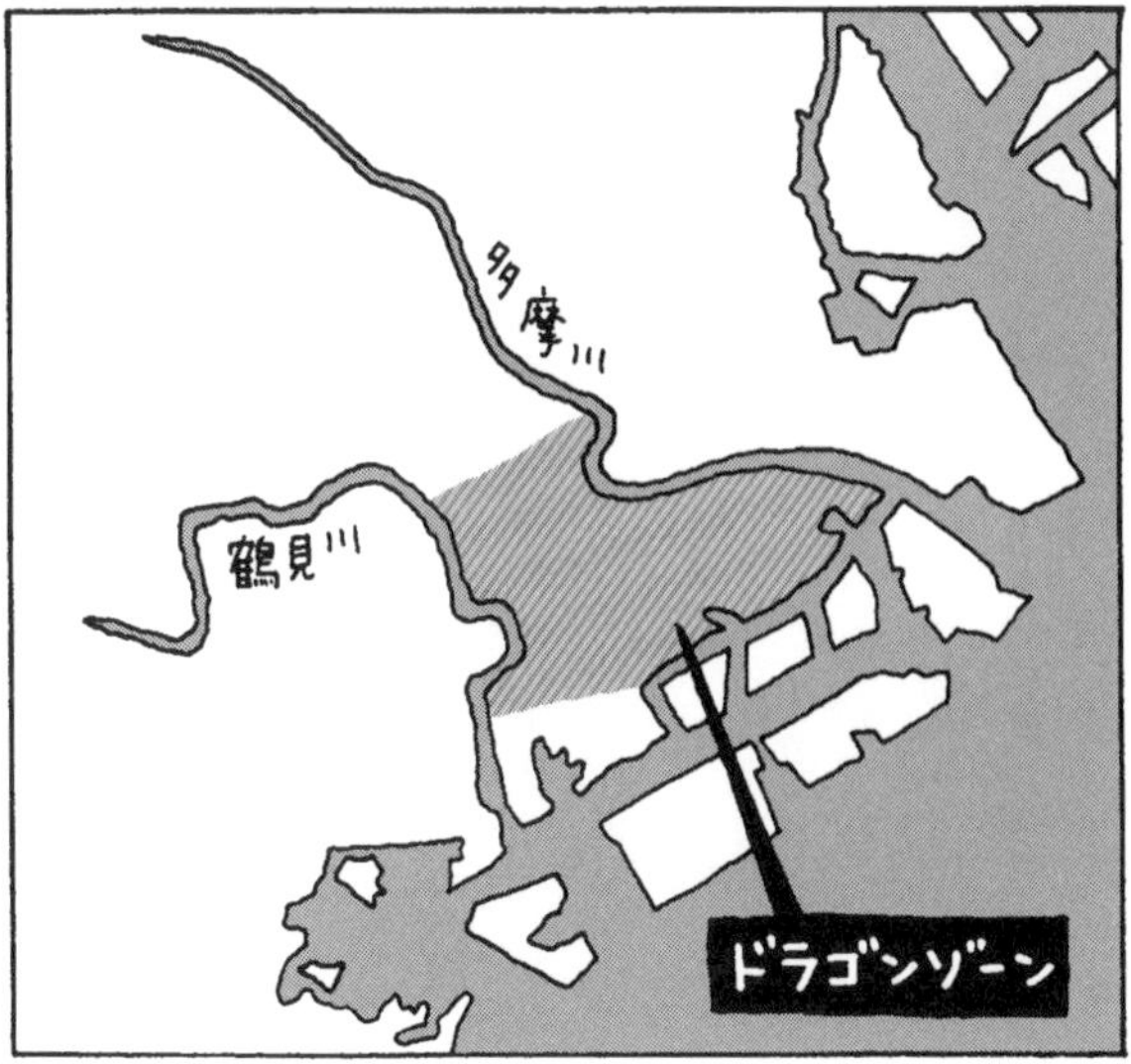

図43　ドラゴンゾーン

か？）は降っていません。しかしその規模を超える豪雨はやがてまた到来することでしょう。温暖化により豪雨が規模拡大する、あるいは発生確率が高くなるのだとすれば、ドラゴンゾーン全水没の大水害は、当然想定内でなければなりません。四〇年目の総合治水・流域治水は、まだ、そんな事態への取り組みを進める段階には至っていないのです。

共通氾濫域を流下する鶴見川下流部には、中上流部にはない、もうひとつの水害への危機があります。海面の事情です。海面には上げ潮、引き潮のリズムがあります。日により、季節により、上げ潮の高さは異なります。感潮河川である下流の鶴見川は時間によって、川面の高さが違うのです。その最高水位の時間に、豪雨が重なれば、治水安全度は当然低くなります。

さらに高潮という災害もあります。大規模な台風が襲って、数ｍの高潮が鶴見川下流を遡上し、それが高水位の上げ潮にあたり、さらに流域から豪雨洪水が同時発生すれば、治水安全度はさらに下がる（危険度が上がる）ということになりますね。最悪を想定するのであれば、総合治水はそこまで視野に入れる必要があるのです。

温暖化が急速に進めば、二一〇〇年の段階で海面は一～二m上昇する可能性があると
も、予想されています。西南極の氷床の崩壊が早まれば、さらに海面は高くなるはず。
温暖化豪雨・海面上昇時代に向けて、鶴見川・多摩川共通氾濫域であるドラゴンゾー
ンはどのような都市として、適応してゆくのか。高層化による氾濫への対応は当然とし
て、さらに抜本的な対応も不可避になってゆくことでしょう。
三〇年、五〇年一〇〇年単位で未来を考えれば、水災害を避けるための都市施設、居
住の丘陵、台地地域への大規模な移転や、低地地域での防災型の高台都市の創出などと
いう展開もありえるのかもしれませんね。

慶應義塾大学蝮谷《まむしだに》

東急東横線日吉駅付近からドラゴンゾーンに突き出す形の小さな丘陵が、東に二本延
びています。
北側の丘陵は慶應義塾大学理工学部のキャンパスをのせ、矢上川を横切って（過去に
掘削された模様）川崎市幸区の夢見ヶ崎と呼ばれる縞《しま》状の丘陵に続いています。南側の

丘陵は、日吉駅東口から東に延びて、慶應義塾大学日吉キャンパスの銀杏並木をのぼり付属高校のグラウンドを貫いて寄宿舎まで尾根が延びています。日吉キャンパスを載せるその台地の東側の崖線に沿って、南から北に向かって奥行き五〇〇m、面積一四ha規模の、「蝮谷《まむしだに》」と呼ばれる小流域が刻まれています。（その西側の尾根にある自然科学の研究棟に、四三年間にわたってわたしの研究室がありました）。この谷が、実は、鶴見川流域における民間法人（慶應義塾大学）による先導的な流域治水実践地となっているのです。

一四haの小流域は、連続の雨で飽和した条件で時間一〇〇㎜の集中豪雨を受けると、毎秒四㎥規模の雨水を流出させます。蝮谷には、この規模の流出で水没する住宅施設はありませんが、この量を保水せずに鶴見川水系に放出するのは、総合治水の理念に合致しないことでもあり、ぜひとも保水の貢献を期待したいところです。

この谷はまた、わたしの在職中の一九八七年前後、四か所で斜面崩壊を起こしました。がけ崩れではなく、一〇～二〇度程度の緩斜面地（それぞれが小流域です）が、豪雨をうけて集水し、土砂流を起こしたものでした。学生の施設などがあれば人災になった小流域水土砂災害だったのです。

これらの事情を受け、わたしは、在職時にさまざまな回路で蝮谷における自主的な総合治水対策を大学に呼びかけ、また可能な範囲で学生・教員・NPOの応援も得て実践対応をすすめ、可能な整備を誘導することができました。大学の努力で、蝮谷とその隣接小流域に一か所ずつ、小規模ながら本格的なコンクリート構造の雨水調整池が設置され、域外への流出を緩和する保水対策がとられました。崩壊を起こした微小流域では、地中に浸透する雨水を排水する工事が実施され、また、大学側の手配や塾内団体の努力により、沢状の地形にそって木柵の土砂流阻止の機能をもつ堰《せき》が設けられました。自然保護のための植生管理、水辺管理も進められている蝮谷は、総合治水・水マスタープランの方式で流域治水をすすめる鶴見川流域における、民間先導の実践モデル地の一つとなっています。

川を横切る動脈交通路

鶴見川下流は、何本もの動脈交通路が横断する交通の要衝です。河口から九㎞地点を横断するのは東急東横線、八・二㎞付近を横断するのは東海道新幹線、四・一㎞地点は国道一号線。その下手一km、河口から三kmの地点で横断するのはJR複合線、その下手二・七km地点を横切るのは京浜急行線、その下手二・五kmを国道一五号線が横切り、河口直上をJR鶴見線、さらに河口直下の埋立地の水路は京浜工業地帯の物流を支える産業道路が横断しています。

ドラゴンゾーンの治水・防災を進め、このような動脈交通路の安全を守ることは、流域関連の自治体だけの努力で進められる規模を超えています。国による流域管理が不可避なのです。

鶴見川水系の河川それぞれを、どの行政が管理するのか、詳細については、すでに一覧をあげてあります（図21）。流域全体の河川管理、流域管理の調整をするのは、国土交通省関東地方整備局京浜河川事務所（図44）。JRが鶴見川をわたる大きな鉄橋の下手右岸、旧東海道が鶴見川をわたる鶴見川橋のたもとに、その事務所があります。

ちなみに、事務所の上流側の一帯は、六〇年ほど昔まで、アシ、オギが茂り、多数のクリークが走り、冬はカモやシギを打つ猟師たちの出入りする大湿地帯でした。下流域最大の遊水機能をもっていたはずのその湿地帯は一九六〇年代には全面が埋め立てられ

図44　国土交通省京浜河川事務所

図45　葦穂橋下流の下手左岸の大水没経験地帯

て、今は、町、公園、そして横浜市の北部第一水再生センターという巨大な下水処理場になっています。

芦穂橋《あしほばし》左岸地域

国土交通省京浜河川事務所脇の鶴見川橋から、下手二・五㎞にわたり、鶴見川は時計回りで一八〇度近くも大きく湾曲し、河口間近の潮見橋に至ります。この大蛇行区間の左岸側に広がる低地帯は、過去鶴見川の大氾濫で最も厳しい水没を経験した地域の一つ(図45)。

その中心地、芦穂橋下手の川辺から直線距離二〇〇mほどにある横浜市立潮田小学校はわたしの母校。そのわきの川辺の住宅街がわたしのふるさとです。水没が怖いと末弟も転居したのですでに実家はなく、本籍住所だけになりました。すでに触れたことですが、わたしは、一九五八年狩野川台風から一九八二年秋の大水害まで、戦後鶴見川の五回の大水害を、当地で経験しています。一九五八年をはじめとして、豪雨の折の氾濫水は、川から東に激流となって街路を走り抜けるので、歩いて小学校に避難できる状況ではありませんでした。当地は、一九六六年が最も浸水深の大きな災害でしたが、その折は激流が発生しないままに水位があがる、後にも先にも例のない不気味な水害、地域全域が床上浸水となる、恐ろしい水害でした。未確認ではありますが、鶴見川の氾濫水だけでなく、多摩川の氾濫水が昔の二ヶ領用水の水路をとおって後ろから襲ったという噂も地域に流れたものでした。

今、その地域の一角に、写真のような浸水ハザード告知板（図46）がたっています。

図46　町の浸水ハザード告知板

多摩川が氾濫すると一m、鶴見川が氾濫すると五〇cm水没の危険がある。鶴見川本流から三〇〇mの地点に、四km北を流れる多摩川の、鶴見川由来よりも大きな氾濫水が到達するということです。

その一mという数字は、多摩川だけが氾濫して、鶴見川は氾濫していないという前提の予想値です。多摩川が大氾濫している

図47　再びの河口（生麦河口広場から上流を見たところ）

時は、当然、鶴見川も氾濫している可能性大。共通氾濫した時の浸水深がどうなのか書かれてはいないのです。河川事務所は規則通りに、多摩川流域、鶴見川流域それぞれ別々に浸水予想を公表しているだけで間違いではありません。自治体がしっかり要請すれば、もちろん共通氾濫水深も、公表されるはず。地域に、危機意識が足りないだけなのかもしれませんね。

想定浸水深には、実は、二種類あることもすでに触れたとおりです。一五〇年に一度の規模の雨であれば、一m。しかし、想定最大の豪雨（一〇〇〇年に一度）時の当地の予想浸水深は〇・五〜三mとされています。平屋ばかりの町だったわたしの子ども時代であれば、町全体が屋根まで水没することになるでしょう。しかし、いま、故郷に、平屋家屋はほとんどなく、二階建て、三階建てが目立ちます。三階建てのしっかりした住宅であれば、一五〇年に一度の豪雨だけでなく、一〇〇〇年に一度の豪雨でも、命の危険は激減します。小学校への避難を急ぐ必要はない。三階に垂直避難する練習をし、必要に応じて地域の高層建築を緊急避難所とする調整をしておけばよいからです。

それでも、一五〇年、一〇〇〇年に一度の豪雨が襲えば、町も交通網も、甚大な被害を受けるでしょう。そんな事態への対応を、適応策というのであれば、鶴見川下流左岸の大水没地帯の適応は、都市の構造、配置そのものの抜本的な見直しをする、という以外にないのかもしれません。

再びの河口

ふるさと、鶴見川下流左岸の水害危険地帯から一kmで河口生麦（図47）です。この地が、豪雨洪水だけでなく、津波や、高潮の被害からも守られる町になるまで、鶴見川流域の総合治水、水マスタープラン、流域治水は完了することがありません。

五〇年後、一〇〇年後温暖化豪雨、海面上昇の危機は、どの程度回避されているでしょうか。回避しきれていないとしても、水マスタープラン以降の流域思考に沿った生命圏適応の努力をとおして、大洪水や高潮の大被害は回避できる流域になっていると期待したいと思います。

街の構造そのものもきっと根本的な変容を遂げているでしょう。周囲は治水・高潮対策が徹底された高層ビルがならび、河口の土手も一〇mを超える規模になっているかもしれません。しかし、その土手の真夏の緑の斜面には、花粉症を誘発する外来植物（ネズミホソムギなど）を抑制するグランドカバー植物としていま育成の始まっているハマカンゾウの群落が、にぎやかに咲きみだれているかもしれません。

6　流域治水はこれからどんな道を歩むのか

流域治水の時代は、流域生態系の管理を通して治水安全度の向上、あるいは氾濫範囲の縮小を目指し、水害・土砂災害から速やかな復興に対応できる工夫を、あらゆる主体が連携して進めてゆく日々へとなってゆくでしょう。
しかし、現実の制度・法律の世界は一筋縄ではゆかない複雑さがあります。流域治水の提言ひとつで、流域管理が一本化されるわけではありません。流域治水そのものはビジョンであり、総合的な法定対策を円滑に進めるためには、さまざまな法律や条例等の改定、関連づけや予算執行についての課題を解決してゆかなければなりません。（二〇二一年五月、流域治水実行のための関連法案の改定が国会承認されました）
河川法、下水道法、特定都市河川浸水被害対策法、農業や緑地に関する法律、生物多様性保全に関わる法律、都市計画法など、さまざまな法律が流域治水のビジョン下で活用されてゆくことが求められます。
総合治水の形式で、すでに流域治水四〇年を経た鶴見川流域は、温暖化豪雨に適応するための新しい流域治水を模索しつつ、他方では治水以外の環境・まちづくり課題に関する流域思考の適用を宣言する水マスタープランの模索を続けてゆくのでしょう。

鶴見川流域の実践はモデルとなるか

鶴見川流域における流域治水（総合治水、流域水マスタープラン）の現状を紹介してきました。ビジョンや計画の理解に加えて、流域思考における治水の現場の香りがみなさんに届いていれば幸いです。

ただ、鶴見川流域における流域治水の実践が確かな成果を上げているとしても、日本にある一〇九の一級水系の中の都市河川流域におけるひとつの事例に過ぎない、と思う人もいるかもしれません。残りの一級水系、二級水系、その他多数の河川流域の管理に対して、どれだけ有効なモデルとなり得るのか、わたしの考えを述べておきたいと思います。

すでに紹介した通り、二〇二〇年七月に国土交通省が提示した流域治水モデルには、それぞれの流域ごとにその個性に合ったあらゆる手段・主体を駆使して治水を進めるというビジョンが示されています。

ひと口に「流域」と言っても、ほとんどが自然地である流域から、鶴見川のようにほとんどが市街地である流域まで、その個性は千差万別です。巨大な自然地、農地を流域の主成分とせず、ダムも利水もない典型的な都市河川である鶴見川流域における流域治水の計画・実践が、北上川や四万十川などの過半が自然地であるような大流域にそのまま応用できるはずがありません。

それでも異なる行政の連携を促し、行政区を越えて連携する市民活動と協同して流域規模で治水を進めてきた鶴見川流域は、苦労も成果も課題も含めて、都市河川・自然河川の別にかかわらず、さまざまな流域における今後の流域治水の展開に、大きな参考となるはずと、わたしは考えます。

自然環境・農業環境の問題についていえば、源流北部丘陵地の支流群はほぼ自然河川流域に近い構造と機能を示すものです。そのレベルでの応用であれば、全国の多数の河川流域と知恵の交換ができるでしょう。

ちなみに、鶴見川流域における行政・市民・企業の連携活動は、すでに日本のいくつかの河川流域（網走川、石川など……）においてモデルとして参考にされた実績があります。流域治水を進める思想・哲学・ビジョンの領域でいえば、さらに広く応用できるに違いないとわたしは信じているのです。

自然と共生する持続可能な都市づくりを支える流域思考

以上で、鶴見川における流域治水の紹介を終えます。総合治水はビジョン、実践のすべてにわたり、四〇年先行して実践を積み上げてきた流域治水そのものでした。その総合治水を基本として、水マスタープランというビジョンのもと自然環境の保全から地域文化の育成にまで視野を広げ、自然と共生する持続可能な都市の姿までテーマにしてきた鶴見川流域。その歴史と、実績と、展望は、流域治水という呼称を掲げる日本国治水の未来にそのまま接続されてゆくべきものです。

さて、本書の第三章となる以下の諸節では、視野を一気に広げます。鶴見川流域の歴史が育ててきた総合治水、水マスタープランのビジョンをさらに拡張して、温暖化豪雨時代への防災対応を象徴する暮らしや環境に関わる多様な流域思考について、わたしの考えを述べたいと思います。地球に生きるわたしたちの過去・現在・未来の生存に関わる流域思考の思索に、もうしばらくお付き合いください。

第三章　持続可能な暮らしを実現するために

1　生命圏再適応という課題

地球環境は危機の真っただ中

今、地球の環境は危機を迎えています。いや、すでに危機の真っただ中にあると表現した方が正しいかもしれません。あちこちでそのような議論を目にし、耳にしているのではないでしょうか。それらの議論は古くから存在しました。現在、論議されている危機は、その規模の巨大さ、切実さによって誰の目にも見える形になってきているのかもしれません。

森林を大伐採し、膨大な量の化石燃料を使用し、大量の炭酸ガスを生命圏に放出し続けてきた人類。私たちの文明は、今なお、炭酸ガス等の温暖化ガスの効果で、地球表面の平均温度を上昇させ続けています。その結果として、豪雨や渇水の激化を伴う気候変動が顕著になり、海面も上昇しはじめているのだと多くの学者たちは考えています。炭酸ガスの放出を大急ぎで削減しなければ、地球の水循環はさらに大きな攪乱《かくらん》を受けて、取り返しのつかない展開になるのではないかというのです。

危機を回避するために、二〇五〇年までに世界の炭酸ガス放出量を実質ゼロにしよう。激化する豪雨、干魃《かんばつ》、海面上昇に対応する都市の適応策を強化しよう。切迫の度合いに関する評価や理解はさまざまですが、国連も各国も日本も、温暖化を緩和し、適応してゆく課題に正面から向き合う時代に突入しています。二〇二〇年七月、国土交通省が発表した流域治水への転換宣言もその一環なのです。

わたしたちが直面しているのは、豪雨や干魃などの水循環課題だけではありません。生息地の破壊に、さらに温暖化の脅威も加わり、生物多様性には絶滅、生態系の大攪乱など、大きな危機が迫っていると危惧されています。人口と食料、水、資源とのバランスなどの課題もあります。技術、経済、制度、社会・政治体制等の工夫はもちろんのこと、それらを超えて、さらに広い視野で考えてゆくべき課題なのです。

生物多様性に支えられて人間の暮らす地球の領域を「生命圏」と呼びます。攪乱され、変動してゆく生命圏に、人類はどのように適応し、持続可能な暮らしを実現してゆくことができるのでしょうか。

危機を生み出しているわたしたちの文明は、産業文明と呼ばれます。都市を活動のエンジンとし、科学技術の力を駆使して莫大《ばくだい》なエネルギーを消費し、壮大な規模で環境を改変し、大量生産、大量消費を続ける不思議な文明。どのようにすれば生命圏と持続的に共存できる文明へと転換してゆけるのでしょうか。

人類のめざす未来についてはさまざまな意見があります。「産業文明が生命圏に適応することは不可能に決まっている。人類は都市をエンジンとする産業文明を捨てて、生命圏に溶け込む脱科学の素朴な共同体型の未来を選ぶしかない」と考える人もいます。「いや、人類は科学技術の力をさらに強化し、生命圏全体をコントロールするばかりか、生存世界を宇宙にも広げてゆくのだ」と、勇ましく考える人もいます。

わたしはいずれの意見にも反対です。想像を絶する悲惨な展開なしに、産業文明を廃止することなど、できるはずがありません。地球を捨てて、宇宙へ移動するというのは夢物語でしょう。過去数百年の人類の歴史でみれば、未来は先例のない変化になるかもしれませんが、人類はそこに生き続けるしかありません。しっかり工夫すれば、たとえ大規模な環境改変が続いたとしても、都市をエンジンとする産業文明は、地球での持続可能な暮らしを実現することができると、わたしは考えています。

その鍵の一つが、地図の問題だとわたしは考えています。生命圏と持続可能に付き合ってゆく地図の工夫が大きな課題なのだと思うのです。

私の提案は流域思考。いま私たちの日常が依拠している地図は、国や県や、様々な行政的な単位で区切られたもの。そんな地図に基づく活動が、豪雨・水土砂災害を筆頭に、すでに様々な不適応を起こしています。水循環の大攪乱が、生命圏規模でひきおこしてゆくだろう豪雨の時代への適応を進めてゆくには、暮らしの地図の領域に、流域という地形、生態系を単位とする「流域地図」を導入してゆくのがいい。そんな地図を、大小の規模にかかわらず活用し、防災、環境保全の工夫をすすめてゆく流域思考が、生命圏再適応のカギになるというのが、わたくしの意見なのです。

わたしたちと地図の関係

アフリカのサバンナでヒトの祖先が二足歩行の暮らしをはじめてから数百万年が過ぎたと考えられています。

採集狩猟活動を日々の暮らしとする素朴な社会性哺乳類だった時代、それに続く石器や武器を使用する採集狩猟文明の時代、農業に頼り切った農業文明の時代、そして都市をつくり科学技術の力で生命圏を大改造し、大量生産・大量消費を加速し続ける産業文明の時代、と大きな時代区分を経てきました。

それぞれの時代に対応して、人類は、暮らしと生命圏を関係づける基本地図のようなものを利用してきたはずです。その地図が生命圏への適応の鍵を握ってきたのではないか、わたしはそう考えているのです。それぞれの時代区分に対応する地図について仮説を立てながら、まずは簡単に歴史をたどってみましょう。

採集狩猟文明の地図

人類の進化の歴史の九九％以上は、集団で採集狩猟活動をする社会性霊長類としての暮らしでした。アフリカの大地でヒトの祖先が石器を使用しはじめたのは二〇〇万年ほど昔。石器を手にした段階で、ヒトの暮らしはすでに本能や単純な学習による採集狩猟ではなく、技術の伝承、ある時期からは言葉や記号も共有する、文明といってよい生活になったはずです。

そんな文明を支え、同時代さらには世代間で共有することも可能な地図があったとすれば、それは大地の凸凹や、水循環の様相や、森や草原や川や海などの配置を記憶し、仲間と共有できる地図、自然生態系の様相を反映する地図だったに違いありません。足元から広がる地形や、そこに住む多様な生物に関する情報が詳細盛られた地図を共有できなければ、日々の採集狩猟生活は成り立たなかったはずだからです。

採集狩猟文明は、長大な時間にわたって継続しました。しかし、生命圏と大きな衝突を起こすことなく、文明規模の不適応には至らなかったと思われます。地域的、局所的にみれば、森の破壊や、大型動植物の絶滅など、さまざまな自然破壊をもたらしたとしても、生命圏と大きな不適応を引き起こした文明とは言えないのだろうと思うのです。生態系の自然連鎖の中で繰り広げられる採集狩猟生活のもとでは、ヒトという生物の生存率も増殖率も、自然の力に大きく支配されて変動し、人類の数、その影響力、継続的、爆発的な増大は、困難だったということでしょう。

農業文明の地図

採集狩猟文明を引き継いだのは農業文明でした。転換は一気に進んだのか、その中間に、たとえば壮大な森林空間に適応する森の文明があったのか、詳細はわかりません。一万年ほど昔、地球が長い氷期から解放されて温暖化が進みはじめたころ、世界の各地で、大規模な農業がはじまり、農業の文明が地球大に広がったことは事実のようです。

農業の暮らしを支える地図もまた、大地の凸凹や、水循環の模様や、生物多様性の状況を反映していなければ利用できない地図であったに違いありません。しかし同時にその地図には、本来の大地の凸凹や水循環や生物多様性配置とは別の人工的な空間配置も組み込まれていったはずです。農業という活動が、計画的、人為的に創り出される大地の区画に準拠する作業でもあるからです。

日々の農耕・牧畜の都合に沿った土地の区画、人工的な水系の配置、さらには収穫物を貯蔵する区画の創出や管理、様々な物資・農業産物の移動を可能にする交通路など、それらが必要とする地図は、採集狩猟文明の大地の凸凹地図をどんどん離れ、幾何学的・人為的に区切られる古代の都市の地図になっていったことでしょう。

日本史の都市のあけぼのの時代、大和の地に形成された古代都市の空間は、壮大な条里に区切られ、周辺の農地・採集狩猟活動の世界と区別されていました。大地の凸凹、水循環、生物多様性秩序の広大な広がりの中に、都市の世界、都市文明の地図が広がっていったはずです。

ちなみに、日本の律令の時代、農業の繰り広げられる地域は、都市を仕切る支配集団の暮らしを支えるための徴税の場でした。国有であった農地は区切られ、農民の小集団が配置され、徴税単位とされました。その区画の一種が、里(条里制の里です)、と呼ばれる単位でした。里山の里は、そもそも、都市の支配階層が、農民・生産管理のために定めた居住の区画と無関係でないのかもしれません。

産業文明の地図

農業文明を継いだ産業文明は、物やサービスを商品として生産し、その消費・活用・再生産を取り持つ経済・政治を軸として、農業も支え、人口・生産の継続的な拡大をはじめた文明です。科学技術によるその拡大は勢いを増し、一八〇〇年代のヨーロッパにおける化石燃料を動力として利用する産業革命の展開をきっかけに、資源・エネルギーの大量消費、多様多彩な商品の大量生産・消費を特徴とする現代産業文明が開かれてきたのでした。

医療、食料の充実、生活環境の衛生促進もあり、世界の人口は農業文明を継いでさらに大きな拡大をとげました。倍々ゲームで持続的に拡大する人口と、資源・エネルギーの消費、環境改変の強化で、生命圏は大きく攪乱され、今や気候変化まで左右される事態になってきたと理解されています。

産業文明は都市の文明です。しかし、産業文明の都市は、古代の農業世界に成立した都市とは異なり、一次産業の空間を大規模に排除して急速に拡大する人口集中空間です。科学・技術、政治・経済の調整拠点となって、足元の大地を超えた広域で、さらには地球大で、文明の活動をコントロールし、駆動するエンジンといってよい場所です。産業文明は、そんな都市の拡大とともにあるといっていいでしょう。

しかし人類はそんな都市が好きなのです。採集狩猟の山野河海や一次産業の大地、水系よりも、人類の多数は、安全、衛生、快適、そして産業文明を運転する支払いのある仕事を求めて、都市の暮らしを望みます。二〇二一年現在、世界の人口は七八億人近く。すでにその過半は都市に暮らし、都市人口の比率はさらに高まってゆく気配です。そんな都市人間が暮らしの頼りとする地図、産業文明の地図は、生命圏の具体的な姿との関連で、一体どんな特性をもっているのか。それが問題です。

産業文明人の地図は、山野河海の配置を心に刻み、共有する、採集狩猟文明の地図とは遠くかけ離れています。一部の関係者をのぞけば農牧地の地図とも基本的には縁がない。人々の暮らしを支える職業や、移動の都合、人々の暮らしを調整・統合する経済や政治や行政の都合に合わせて形成され、目まぐるしく変化する都市を中心とした人工的な空間配置、一部はインターネットのバーチャル空間とも区別がつかなくなっている空間配置に対応する地図。そんな地図が、産業文明の市民の暮らしの頼りにされ、共有される地図の基本形になっているのだろうと思われます。

個々の市民の暮らしの地図はそれぞれの暮らしの都合でさらに個別化されます。日用品まで宅配されていれば、交通路と仕事の拠点だけが鮮明な不思議な地図が、できあがることでしょう。人工空間だけに限っても、その全体を地図に反映させる必要があるのは、行政職員や政治家など特殊専門職の市民ばかりという状況も、十分にありそうなことです。

人工空間の構造や配置に全体的に対応することさえ難しいはずの都市文明の地図の領域に、足元の生命圏の姿、大地の構造が日常的に反映されることは、至難のことだと思われます。

流域地図を共有しよう

試しに、今この本を読んでいるあなたの座っている場所が、どんな地図の中にあるか、心に描いてみてください。その机のある部屋のある建物。その建物の周囲に広がる町の配置。普段利用する交通路。その辺りまではかろうじて描けても、地形や水系がリアルに心に浮かぶ都市市民、ましてやその配置を友人知人に説明できるような形で把握できている都市市民が、いったいどれだけいることでしょう。

自宅、駅への往復の道、電車やバスで移動して辿《たど》り着く学校の校舎や校庭、休日に自転車で遊びに行く公園、釣りやレジャーででかける遠方の水辺や森の断片的な地図はあるかもしれません。しかし、それが、水系や地形などによって生じる大地の営みを介して日々のあなたの暮らしにつながっているか、明瞭にわかる地図を心に描ける都市市民は皆無に近いはずです。

太古の採集狩猟民は、共に暮らす仲間たちと、足元の大地の凸凹や、水系や、生物多様性の配置を記す地図を共有していた。何をシンボルにして心にとどめ、共有していたかはわかりませんが、そうでなければ共同活動は不可能だからです。

古代の農民も、現代の農民も、仕事場である農地と、その農地を囲む大地の凸凹や、水系や、生物多様性の世界を、そこそこに共有していたはずです。農業の暮らしが中心になるので、農地から離れた山野河海の配置の地図は、ぼやけていたり、散乱していたり、相互の共有がうまくいかなかったとしても、です。

日々の暮らしに必要な食糧や水や様々な物品が、都市の外部から、場合によっては遠い外国から商品として、時には宅配便で運ばれてくる、現在のような産業文明の都市市民が心に描く地図は、それらいずれとも根本的に異質なものです。日々の暮らしや仕事を支える、一人一人の市民の心の中、理解の中にある日常的な地図の中から、足元に広がる地形、水系、生態系の連続的な姿は、丸ごと抜け落ちているのではないかと思われるのです。

わたしたち産業文明の都市市民の地図は、足元の生命圏が見えなくてもよい地図、もっとはっきり言えば、隠してしまったほうが日々暮らしやすいかもしれない人工地図に変貌しているのではないでしょうか。行政が用意する地図、交通産業が用意する地図、見事に秩序だっているその様な地図は、実は生命圏の配置を隠しつくす脱地表型文明向きの、人工地図といってもいいのかもしれません。そんな地図に基づいて、考え、さまざまな仕事を進め、投票して政治家を選び、世論をつくり、連携もする都市市民の作りあげる文化。それが、産業文明の文化ということになりますね。

ほとんどの市民がそんな地図を頼りにしていたら、生命圏との関わりで人類が直面している、水土砂災害や、食糧、資源やエネルギーの危機、自然破壊の現状などの環境危機に、的確、かつ正直に対応してゆけるはずはないのです。社会のどんな動向が生命圏適応に適切なのか、不適切なのか、共通の理解や合意を形成することもむずかしいでしょう。わたしたちは、この地図の世界を、どうしてゆけばいいのでしょうか。

本論で取り上げた、行政区ごとに作成された氾濫ハザードマップは象徴的です。ある規模の豪雨が降るとあなたの自宅が何m水没するか地図で明示されても、二階に逃げるか、学校に逃げるか、事前準備ができる程度で、そもそもの治水に備える広域活動も、行政間の連携も、その地図には示唆されていません。

本書前半ですでに理解していただいたように、豪雨に対応して発生する氾濫は、行政区で起こるのではなく、豪雨を洪水（何度も繰り返しますが、豪雨時の川の流れを洪水といいます）に変換する流域という大地の構造、生態系が引き起こす現象だからです。行政地図をいくら詳細に見つめても、豪雨氾濫のメカニズムはわかりません。行政地図で区切られたハザードマップを頼りに都市の温暖化豪雨への適応策について、市民がどれだけ意見を交換し、ビジョンや計画を工夫しても、わたしたちの暮らしの場、ひいては生命圏に発生する豪雨、水土砂災害の危機の理解に到達することはできないでしょう。

しかし、流域地図が整備され、広く市民にも共有されていれば話は別です。横浜市鶴見区、港北区、川崎市幸区、東京都町田市上小山田町という町々は、それらをつなぐ水循環の大地、鶴見川流域の地図がなければ、ほとんど関連のない地域かもしれません。しかし、鶴見川の水系、流域の配置が暮らしの地図に組み込まれている都市市民が育つなら、そんな市民にとって、東京都町田市小山田町に降った豪雨が鶴見川の大増水を促し、横浜市青葉区、緑区を流下し、港北区綱島、川崎市幸区、鶴見区潮田町で大氾濫するかもしれないという危機は、大地の地図の必然と理解されてゆくことでしょう。

下流横浜市鶴見区の市民が、別水系の横浜市民とではなく、流域を共有する源流町田市の市民と交流を深め、町田市の都市計画に関心を抱き、行政区を超えた流域の防災・環境文化を育てはじめるかもしれません。源流都市町田市の小学生が、近隣の多摩川ではなく、遠方ではあっても水系・流域でつながる鶴見川中流、下流を訪ねて流域を学習し、同じ流域の横浜市の小学生たちと交流して流域文化を育ててゆく。本書、本論で紹介した鶴見川流域総合治水対策が四〇年をかけて展開し、励ましてきたそのような活動は、流域地図の共有を促進しつつ、流域治水を推進し、流域地図を重視する地域文化を育成し、流域思考の地域レベルでの生命圏適応を進める先導的な試みといっていいのではないか、と思われるのです。

二〇二〇年、流域治水の呼びかけに応じて、そのような試みが、日本列島の全ての流域ではじまっていい。いや、すでに進められているはずの多数の流域での試みが、相互理解と、さらなる展開を誘導してゆくのがいい、そう思います。

2　さらに先の未来を考える

流域思考を基盤として、流域の地図を生かして治水、環境保全、そして地域文化を育成する試みは、生命圏適応という遠大な未来の課題、「人類の仕事」につながってゆくと、わたしは考えています。そのためにわたしたちは、次の、あるいは、次の次のステップをどのように構想しておくのがよいか。鶴見川の実践をもとに、考えてみたいと思います。

近未来、過去一〇〇年、あるいは二〇〇年に一度というような規模の豪雨が到来したら、鶴見川流域はどうなるのか。総合治水・水マスタープランの工夫がさらに順調に進めば、今後、二〇年、三〇年の努力で、昭和一三年規模の豪雨にもしっかり適応してゆけるかもしれないとも考えています。

では、一〇〇〇年に一度の豪雨ならどうか。数百年に一度の確率で丘陵地を襲うような線状降水帯の局所豪雨が丘陵地を直撃したらどうでしょうか。今、そのような雨に襲われれば、流域の低地帯も、丘陵地も、打つ手がありません。低地帯は数メートルから場所によっては一〇mの水没に見舞われると予想されています。そのような雨が、今予想されるより明らかに高い確率で発生するようになるとしたらどうか。それも時代が進むにつれて、確率が高くなってゆくのだとしたらどうするか。今課題とされている生命圏適応はそういう危機への適応なのです。

地球温暖化の影響は、人々が暮らす地域の地球上の位置によって内容が大きくことなるので、一律に予想することはできません。平均的にいえば、地表面、海表面、そして大気の平均温度の上昇によって、大気圏に含まれる水の量は増えてゆくため、降れば豪雨、降らなければ厳しい渇水傾向が広がるはずと予想してよいはずです。アジアモンスーン地域に位置する日本列島では、周辺海域の海面温度の上昇も重なって、春秋の前線による豪雨、台風の豪雨の規模の拡大が進むと予想されます。日本列島といえども地域によって詳細はことなるのですが、これが、日本国における豪雨未来の一般的な予想です。

その予想が正しければ、一〇〇〇年に一度の雨への対応、一〇〇年に一度の局所豪雨への対応を、先延ばしにしておくわけにはゆきません。温暖化による豪雨時代が進むということは、そのような豪雨の到来する確率が、一〇〇〇年に一度、数百年に一度ではなく、たとえば（これは仮の話です）一〇〇年に一度、一〇年に一度に短縮されてくる可能性がある、というような事態だからです。

この場合の、確率は、もちろん、一〇〇年、一〇年経《た》ったら、必ず一度やってくるという意味ではありません。いつ到来するかわからないが、平均的にいえばそれぞれ一〇倍、発生しやすくなるということです。

一〇〇年に一度と予想される局所豪雨は、被害の想定できる地域が日本列島に一〇〇〇か所あれば、毎年平均一〇か所くらいで被害が起きると予想できてしまいますが、一〇年に一度ということになれば、毎年平均一〇〇か所で経験される可能性があるということです。

温暖化豪雨時代の治水が、これまでの対応では間に合わないという判断の理由が理解できたでしょうか。

鶴見川流域の総合治水は一五〇年に一度の大雨を安全に処理する（外水氾濫させない）流域整備を進めることを目標にして、四〇年を経ました。今ようやく五〇年に一度の豪雨に、どうにか対応できるかもしれない水準まで到達しています。しかし対応目標としている一五〇年に一度の豪雨が一〇〇年に一度到来する可能性がでてきたら、流域整備の速度を上げるか、方式を変更するほかありません。まだ対応のまったくできていない、一〇〇〇年に一度の豪雨についても、対応方法を考えはじめなければいけません。

急激な都市化に対応して実行されてきた総合治水は今、温暖化豪雨時代に適応するための、流域治水に大きく方向を変えてゆくということなのです。

温暖化豪雨時代に対応する治水は、河川、下水道の整備という従来の方法から脱して、流域という地形、生態系を枠組みとして、緑の保全や調整池の工夫を進めるばかりでなく農地も、市街地もすべて含めて総合的に進められなければならない、ということです。

そんな挑戦に対応するには、すでに流域治水の先駆けとなる総合治水を実践してきた鶴見川流域でも、これまでの対応を大きく見直してゆく必要があるでしょう。河川整備、下水道整備の促進、流域規模の保水力、遊水力の向上だけでなく、大水没の危険にさらされてゆく可能性のある都市域において、大氾濫があっても生命・財産を適切に保護・保全できる都市構造そのものの工夫まで含めた全面的な流域対策が必須となってゆくはずだからです。

高層建築のさらに合理的な活用や、沖積地帯での防災高台居住地の整備、居住地域のまるごとの台地、丘陵地域への移転、などまで視野に入れた都市計画、丘陵地域の小流域地形が生み出す激甚な水土砂災害を先取りした丘陵地の都市計画などが、現実の課題になってゆくに違いありません。総合治水の歴史に学ぶ流域治水のビジョンは、ここからスタートすることになるのではないでしょうか。

温暖化危機に象徴される生命圏への適応課題は、水災害に限定されるものではありません。本書の範囲を超えるので詳細には触れませんが、資源の賢明な活用や、生物多様性の保全なども含めてさらに総合的な生命圏適応策が検討されてゆきます。狭い意味での都市の計画にとどまらず、一次産業や自然環境全体の保全・管理計画にまで、課題は広がってゆくでしょう。

その様な未来の課題に対応することも視野に入れ、二〇〇四年、鶴見川の総合治水対策は、生物多様性保全の流域計画、さらには地震防災や地域文化の問題まで流域の視野で扱ってゆこうという、流域水マスタープランの形に拡張されています。治水の領域に最初からグリーンインフラ整備の形で緑の保全・管理を組み込んだ流域治水のビジョンは、鶴見川流域では、流域水マスタープランという形の流域計画として、すでに生かされているのです。

ここで、関連の大問題をひとつ考えておきたいと思います。流域思考の生命圏適応策を進めてゆく当面の足場として、総合治水、流域治水、水マスタープランのような枠組みが有効だとして、その枠組みを、今後、誰が、どのような権限で、推進してゆけるのか。そのような現実的な課題も指摘しておかなければなりません。

河川管理を進める中心行政組織が、流域に関連する自治体の諸部局を調整して流域ビジョンをまとめ、共同で進行管理を目指すという、鶴見川流域における協議会の方式には、さまざまな可能性と同時に、大きな限界があることも事実です。行政横断的な流域の協議会が、流域治水の大きな流れを受けつつ、流域思考の生命圏適応を総合的に工夫する権威ある機関として評価されるようになっても、そこに国や自治体とならぶ独自の権限が与えられるものなのか、予算もしっかり確保される機能的な部分政府のような展開がありえるのかどうか。今後の法整備などにも注目しつつ、期待してゆくしかありません。

流域は大地の細胞

豪雨や渇水、生物多様性の破壊、人口・資源のバランスの崩壊等々で語られる生命圏の危機は、大地に限定されず、海にも、空にも、地中にも広がっています。水土砂災害の分野は当然として、さらにそのように大規模かつ多元的な生命圏の危機にさえ対応できるかもしれない地図として、そもそもなぜ、流域という特殊な地形をことさらに重視するのか。基本に立ち返って、確認しておきたいと思います。

行政区画の地図をおおよそ理解している市民なら、Google Earthで地球を拡大して、日本列島に焦点をあて、関東地方、多摩三浦丘陵と拡大してゆけば、横浜市北部、川崎市南部あたりに広大な市街地が見えてきます。

その市街地の西方が、町田市北部の大きな緑の領域であることもわかるでしょう。この一連の広がりに降った雨が、鶴見川となって東に流れ、東京湾にそそぎ、豪雨があれば、横浜、川崎の市街地に大水害をもたらす可能性があるということもぼんやりであれば理解できるかもしれません。しっかり画面をみれば、低地の町も、丘陵の農地も鮮明にみえてきます。個々のビルや住宅さえも判別可能なのです。これほど鮮明な大地の地図が手に入るのなら、必要に応じてその地図を生かし、行政区や、様々な地形、所有地に区分して、防災や、自然保護や、さまざまな都市の計画を立案すればいいのではないか。豪雨適応も検討できるのではないか。そもそも学生や市民が流域地図などという特殊な地形に日常的に注目する必要などないのではないか。そう思われるかもしれません。

しかし、残念なことに、そのように話は進まないのです。市町村の行政区にせよ、私有地の配置にせよ、それに従って区画される衛星画像＝リアルな大地の光景は、そこからただちに、自然の基本構造をよみとれる表現になってはいないからです。水土砂災害や生物多様性の保全といった大地の課題を適切に処理できる自然構造に基づいて、区分されるのでなければ、どれほど詳細でリアルな衛星写真があっても、防災にも自然保護にも役立たないことでしょう。

それなら一般的な地形図、等高線を下敷きにしてGoogle Earthの画像を読めばいいのではないか。行政区を下敷きにするよりはるかに有効なことは間違いがありません。しかしそれも、個々のケースで枠組みが一定せず、専門家でなければ取り扱いようのない地図になってしまうはずなのです。

だから流域地図が重要なのだと私は考えているのです。流域という地形は、雨の降る大地を隙間なく区分する自然の構造です。大地を大小の流域に隙間なく分けて、その配置図を下図にしてGoogle Earthの衛星写真をみれば、緑や市街地の広がる衛星写真の光景が、流域という水循環の単位に区分けされて、新たな様相でみえてくる。流域地形、流域生態系の基本構造や基本機能が広く理解されていれば、区画ごとに雨に対応する水のコントロール、水循環に対応する生物多様性の保全の課題が、衛星写真そのままで見えてくるはずなのです。専門的な分析は難しくとも、その概要は、少し予習のできた市民や学生にも、おおよそ理解できるようになるはずなのです。

流域という水循環の単位、特殊な地形だからこそ実現できる、不思議な効果というべきでしょう。流域地図を下図におけば大地の見え方に、根本的に新しい視野がひらかれます。水土砂防災や生物多様の保全の理解に、容易につながる見え方が開かれるのです。

世界の科学の歴史の中に、似た事例を探すことができます。今、わたしたちの医療は、細胞医学と言われることがあります。人体を解剖すれば様々な臓器や体液など複雑な構造が確認できます。しかしその複雑さからはじめる伝統的な医学は、統一的で有効な現代医学につながることなく、さまざまな伝統医療を生み出しました。

有名な事例の一つは液体医学と呼ばれるものです。その流派は人体の不調には各種の体液のバランスのくずれが関与していると考えました。その理解をもとにした治療の一つに瀉血《しゃけつ》があったことを知っている読者もおられるでしょう。医院にゆくとバットとナイフがあり、医師の判断で、血液やリンパ液が抜かれました。モーツァルトも、アメリカ合衆国初代大統領ワシントンも、瀉血治療がもとで亡くなったといわれています。

人体は細胞で構成されているという認識を基本とする現代医学になじんでいる私たちには理解できない世界ですが、そもそもすべての生物が細胞でできているという仮説が科学の世界に登場したのは一八三八、三九年。細胞という存在を基本として生物、人体を見る視野のなかった時代、人体の測り方がうまくゆかなかったのは仕方のないことなのでした。

医学が人体を対象とする科学技術だとすれば、防災や生物多様性保全は、生命圏を対象とする科学技術です。対象の測り方をまちがえていたら、有効な適応を進められるはずがありません。人工的な区画や、さまざまな特殊な区画で地球を測るばかりの対応は、細胞説以前の医学の状況かもしれないのです。

その困難を乗り越える方法として、私は、流域という地形、生態系の地図を使ってみようと提案しています。流域は生命圏への文明適応の要となる大地の細胞のような地図だと、考えているからです。流域思考の時代、流域治水の時代は、地球の測り方の大きな転換の時代になるのかもしれないと思うのです。

流域思考で生命圏に適応してゆく

生命圏は、大地と、大気圏と、海と、地圏で構成されます。大地はさらに、雨、雪などの降水のある雨降る大地と、氷の大地、それに砂漠の大地の三つに大別されます。流域は、これらのうちの雨降る大地を区分する地形の、基本単位です。雨降る大地は、降る雨を左右に分ける尾根と、その尾根に囲まれて、降った雨を水系に変換する流域という地形（マジックランド）があります。ごくごく特殊な場合をのぞけば、尾根でも、流域でもない地形はほとんど存在せず、雨降る大地は、尾根で区切られた流域地形が、モザイクのように隙間なく配置される世界です。

大きな流域は、複雑な水系を支えます。水系をつくる一つひとつの川には、それぞれに雨の水をその川の流れに変換する流域があります。大きな流域は、流域内の尾根の配置、水系の配置に対応する、大小無数の流域のジグソーパズルのような入れ子構造になっているのです。雨降る大地は流域地図でできているのです。

詳細を問題にすれば、カルデラ湖の窪地《くぼち》や湖の円錐状《えんすい》の島など、通常の流域の定義では処理の難しい、さまざまな変則はあるのですが、雨降る大地は、その細胞のような流域という普遍的な地形単位、生態系、地図に、原理的にはどこまでも細かく分析できるということです。

細胞医学の発達との対比でいえば、人体の基本単位を定める様々な試みの果てに細胞という普遍的な単位が発見され、人体の正しい測り方が登場したのと同じように、今、生命圏の危機に直面して、わたしたちは、行政地図や複雑怪奇な専門的な自然地形地図ではなく、流域という特殊な、しかし雨降る大地との共存を工夫する上では、たぶん最も普遍的に役に立ちそうな地形、生態系、地図を文明の日常の基本地図とする試みから、再出発してみようというのが流域思考の提案です。

もちろん、行政地図を捨てて流域地図に入れ替えようなどと空想をしているのではありません。乱暴にいってしまえば地図の二刀流とでもいうべきスタイルを提案したいということです。生命圏再適応のための防災・環境保全の未来を拓《ひら》く仕事は流域地図で進めてゆこう、行政地図と共用できる流域地図で進めてゆこうという提案です。

誤解を避けるために、念押しをしておくのがよいかもしれません。生命圏の巨大領域である海洋の危機を、流域思考で処理することはできません。大気圏の壮大な危機を流域で扱うこともできません。もちろんごく特殊な課題をのぞけば地圏の課題を扱うこともできません。流域は物理・科学的なシステムとしての生命圏、地球全体の危機を扱う万能の基本概念になるはずはないのです。

しかし、それでも今、流域こそ重要とわたしが考えるのは、人類の生命圏適応が、技術だけの問題ではなく、文化・文明の問題、思想や倫理にも及ぶ課題だという事実と関係があります。

都市文明を生きる人々が、暮らしの日常において、生命圏の危機や可能性に現実的な理解を開き、共有してゆくためには、宇宙や、海洋や、地底の危機を議論する以前に、まずは足元に開かれている雨降る大地の流域配置の地図に日常的に関心を持ち、その関心を基礎として、学び、働き、仕事をすすめる文化を育ててゆくことが、すべての入り口だと思うのです。流域への関心は、きっとそのような文化を、始動させる力になる、きっかけになると思うのです。

そんな流域地図が日常的に活用される、地域の文化、学校文化の中で育つ未来の世代は、雨降る大地の課題に留まることなく、海洋、大気圏、地圏を含む生命圏総体への文明の適応を誘導する研究や、発明や、実践を、きっと上手に進め、支えてゆくと思うのです。

3　鶴見川流域での三つの実践

そろそろしめくくります。

温暖化未来へ向けて流域思考で生命圏適応を進める文化を、足元からどのように育ててゆくか、鶴見川流域の実践に限定して、以下、三つのポイントを取り上げておきます。

流域学習コミュニティを工夫し励ましてゆく

流域地形、流域生態系、流域思考の治水・防災に関わる基本学習は、学校だけでなく、市民活動の領域で、行政によるさまざまな工夫を通して進められるものです。鶴見川流域では、鶴見川流域ネットワーキングの連携活動が、さまざまなイベント、活動を通して、市民、企業、学校等に、流域学習、意見交換、実践体験の機会を提供しています。企業が流域学習の機会を提供する事例もあります。行政の分野では、鶴見川流域水マスタープランの事務局を担当している国土交通省が、多目的遊水地管理のための事務所に併設している「地域防災施設鶴見川流域センター」が、総合治水・水マスタープランの啓発事業の一環として、流域学習の機会を提供しています。

市民、行政、企業だけでなく、学校の学習とも多元的につながる、流域学習コミュニティが、バクの形の鶴見川流域に、さら広がってゆくと期待されます。

流域スタンプラリー

流域文化を育成する要のひとつは、実体験として、流域地形、流域生態系を学び、流域治水の現場を訪ね、流域の町の危機や可能性について、理解を進めてゆくということです。四〇を超える市民団体が、行政の境界を超えて流域で連携する鶴見川流域ネットワーキングは、流域全域に二〇か所を超える日常活動の拠点をもっています。広報施設などを、流域学習の場として開放している企業もあります。そしてもちろん、鶴見川流域センターを筆頭として、流域学習をサポートする行政の施設も複数存在しています。それらを安全に、楽しく辿る手助けをする企画が、NPO・TRネットの推進する流域スタンプラリーです。他では手に入ることのほとんどない流域地図が描かれたシートには、流域の紹介、流域センターの紹介、さらにスタンプの押せる交流拠点の交通案内、イベント案内が掲載されていて、市民の自由な流域歩きをサポートできる仕組みになっているのです。行政の連携で、本流沿いに、五〇〇m間隔の距離杭や流域を案内する河川掲示版などの整備も進んでいます。

水マスタープラン応援の実践拠点

ＴＲネットの参加団体を中心として、流域の各所で、総合治水・水マスタープランを応援する大小の実践活動も展開されています。クリーンアップ、散策イベントに限らず、森や水辺の環境保全活動、保水力向上を目指す庭や緑地の管理、小流域を丸ごと持ち場とした本格的な整備活動など、企業、行政とも連携した多彩な活動が進められています。流域のあらゆる主体がワンチームとなり、できる場所で、できることを進めてゆこう、という流域治水の提言を受けて、鶴見川流域の水マスタープラン応援の実践活動はさらに多彩な展開を見せてゆくのだろうと思われます。

これらの実践を通して、鶴見川の流域では、流域に親しむこと、流域治水に参加すること、流域を日常的な配慮の対象としてゆくことが、励まされてきました。少しかしこまった言い方をすれば、「共存すべき足元の生命圏としての流域を、倫理的な配慮の対象としてゆく実践」と言ってよいかもしれません。業務としての流域管理は、もちろん行政機関にしっかり対応してもらうのですが、それを励まし、さらに行政の仕事では手の回らない様々な流域の課題を、愛着をもって進めてゆく、日常的な習慣のようなものが育つ流域文化の形成が、市民主導で進んできたということだと思うのです。

通常の環境倫理は、論理的な命題から演繹される定言命題として示されます。生態系は有限と思うべし、自然物には存在の価値があると思うべし、未来世代への責任をもって現在の環境と対応すべし、というような命題を立て、演繹的に細則を述べ立ててゆくような方式です。しかし、それとは別の、倫理は習慣から形成されるとする、習慣としての倫理という理解もあります。アリストテレスに発するとされる後者の理解からすれば、流域への倫理の深さは、流域についてどれだけ学識があるか、どれだけ計画に参与したか、というような次元で測られるのではなく、日々の暮らしの日常の中でどれだけ流域に親しみ、その状況に配慮する実践にどうかかわるか、というような次元で測られるはずということなのです。

倫理を英語でいえば「ethics」。「ethic」の語源は、ギリシャ語でいえば「ethos」であり、習性・習慣という意味の言葉です。現代の英語で言い換えると「habit」でもあり、生態学の世界で広く知られてきた比較行動学の英語名、「Ethology」の「ethos」と同じ意味です。流域への配慮を、生命圏適応の暮らしの日常とすることを習慣とするような地域の文化の育成を通して、産業文明の脱地球人たちは、生命圏を暮らしなおす、地球人を目指してゆくことができる。それが鶴見川流域発、流域思考のビジョンなのです。

わたしの自宅のある鶴見川源流、東京都町田市北部の多摩丘陵地域は、鎌倉時代から歴史の続く農村地帯で、広大な丘陵地全域が、谷戸《やと》と呼ばれる伝統的な地域単位で区分されています。谷戸は数ヘクタールから数十ヘクタールの、文字通りの小流域です。その小流域ごとに、数軒から数十軒の農家が古くから定住し、斜面は薪炭用の雑木林、谷底は水田耕作の棚田として管理されてきた歴史があるのです。

それぞれの谷戸には、固有の名前があり、居住地の表現としても利用されてきました。谷戸という小流域地形を利用した地図の共有をとおして、代々の人々は、生命圏の引き起こす水土砂災害に対応し、また流域生態系のもたらす水循環マジックの恩恵を受けて、農業の暮らしを支え、生命圏適応の数百年の歴史を刻んできたはずなのです。

同じ源流域には、気候変動も視野にいれて、水土砂防災や生物多様保全の工夫を、里山ではなく、小流域（谷戸）ごとに進める市民団体の歴史もあります。

総合治水という名称で、流域治水の現代における発祥地ともなった鶴見川流域の流域治水、水マスタープランには、四〇年の歴史だけでなく、流域をおおう多摩丘陵、下末吉台地全域にひろがる谷戸ごとの生命圏適応の、長い歴史から、なお多くの知恵を学ぶことのできる未来もあるのです。

あとがき

コロナ感染の拡大で世界が緊迫する二〇二〇年、流域治水の方針が報道された猛暑の七月から準備をはじめ、流域治水推進のための関連法の改定が国会承認をえた二〇二一年五月末、原稿を書き終えました。

流域治水は、気候変動の危機に直面する日本国の今後の水土砂災害への取り組みに、歴史的な転換をもたらす方針です。しかし、流域という概念自体が、教育や市民文化の領域にほとんど浸透せず、的確に理解されてこなかったこれまでの日本国の歴史もあり、さまざまな混乱や誤解の拡散も予想されるのです。

流域を枠組みとする治水が歴史的背景を持つ事業ではなく、にわかに提起された新提案だという理解も、そんな誤解の一つかもしれません。流域という枠組みを活用した治水は、鶴見川流域を筆頭として、各地の河川においてすでに数十年の歴史をへた事業です。このたびの流域治水方針の新しさは、その方式が、気候変動の危機を生き延びてゆく未来への治水対策として、国の強い誘導のもと、全国の河川・流域に適用されてゆくという点にこそあるのです。

そんな今にとって必要なことは、そもそも流域とはなにか、流域という地形、生態系を縦横に活用する治水とはどんなものか、流域治水の努力に大きな成果は期待できるのか。そのような基本的な事項について、若者たちを含む市民が、誤解なく理解を深めておくことだろうと思うのです。本書が詳細を取り上げている鶴見川流域は、総合治水という名称で、流域治水をすでに四〇年にわたり実践する歴史を経ています。その経験を限られた地域の歴史に埋没させることなく活かし、流域治水の可能性、成果、課題を、若者たちを含む市民にむけて紹介することが、これからの流域治水の推進をしっかり応援することになるはずという、期待が、本書執筆の私の最大の動機でもありました。果たしてその希望に応えられる仕事になっているのか、どうか。読者の判断におまかせするしかありません。

本書を通して、若い世代が、気候変動危機の未来を生き延びる手立てとしての流域治水に関心をむけ、生命圏の危機に適応してゆくための文明の地図戦略としての流域思考の提案にも興味を持っていただけたら、著者として、文字通り、本望なのです。

国土交通省が流域治水のビジョンを表明して一年。今、鶴見川を含む全国の主要な河川・流域では、流域プロジェクトという名称で、河川整備、下水道整備を超えた流域治水の初発の計画がとりまとめられています。


鶴見川の流域は、二〇二〇年、総合治水四〇年を迎えました。鶴見川流域ネットワーキングは二〇二一年に、創設三〇年を迎えました。コロナ禍の広がりがなければ、先行した流域治水の成果を祝って、鶴見川流域はさまざまな流域イベントや、出版でにぎわったのかもしれません。しかし、二〇二一年五月の私たちの流域は、市民団体の交流イベントもなく、流域文化を広報する地域防災施設・鶴見川流域センターも閉館がつづき、治水思想の転換を刻む歴史的な年を、あっけないほどにしずかに、すごしています。

それでも流域治水に関連する行政、自治体部局、そして市民団体は、新しい時代にむけて、流域交流、流域連携の新たな工夫について、意見の交換をはじめています。コロナの危機をのりきって、市民の活動が再開され、流域センターの広報・研修事業が再開されれば、バクの形の鶴見川流域に、治水対策の新たな時代を進む、新たな連携の姿が、登場してゆくことでしょう。

以下、あとがきの場を借りて、本文では紹介しきれなかった参考図書や、流域地図の入手法など、ある意味では一番基礎的で、重要な情報を、記しておきたいと思います。

流域という用語、概念は、学校でも、行政の世界でも、もちろん一般市民の領域でも、ずっと傍流の位置にありましたので、わかりやすく、偏らず、かつ総合的に流域を紹介する図書は、日本語の出版物ではまだほとんどないのが現状です。私が推薦できる良い入門本は三冊に絞りました。

『川は生きている』(富山和子、講談社青い鳥文庫、二〇一二年)

特定の主義主張に強く偏ることなく川の自然をやさしく紹介する古典です。

『「流域地図」の作り方』（岸由二、ちくまプリマー新書、二〇一三年）
自著で恐縮ですが、初版の二〇一三年以来、学校教育などの現場で、頼りにされてきた流域本です。
『雨はどのような一生を送るのか』（三隅良平、ベレ出版、二〇一七年）
流域を科学的に理解するために不可欠な水理学の基礎知識や理論を、明快に紹介してくれている必読の名著だと思います。

総合治水の名称で流域治水を一九八〇年から進めてきた鶴見川の総合治水については、たくさんのパンフレットや専門書による紹介があります。鶴見川流域センターのライブラリーが再開されれば手にしていただけることでしょう。総合治水の百科事典として役立つはずの「鶴見川流域誌」という枕のように巨大な本もあります。河川編と流域編の二冊。流域編は編集・執筆に私が関与したこともあり、今回の私の著書の図版の大半も、この本から引用させていただきました。

研究者としての私の本来の専門分野は、進化生態学、科学哲学であり、流域論の基礎となる河川工学、水理学、地理学などは全くの専門外、無手勝流の自習です。鶴見川の流域で戦後の豪雨水害をすべて体験する暮らしだったこともあり、ミッションとして自習につとめたというだけの教養です。その勉強に特に役だったのは以下。英文の図書ですが総合的でまことに平易な本。高価な大冊ですが優しい英語なので、思い切って学校の図書館が購入してくれれば、高校生からでもなじめるかもしれません。

P.A.DeBarry, *WATERSHEDS*, Wiley, 2004

流域地図の入手法にも触れておきます。全国の全ての地域について流域が明示された地図はありません。関心のある川について川を管理する行政をしらべると河川整備計画、あるいは流域治水プロジェクトを紹介する文書に流域地図があると思います。インターネットを利用すれば、全国かなりの数の河川流域を把握できる「DamMaps　川と流域地図」という有名なサイトがあります。検索エンジンを使って訪ねてください。特定の流域ではなく、流域を使った計画や活動が国内外にどのように広がっているか概観するのであれば、検索エンジンに「流域」あるいは「watershed」と打ち込んで画像検索することをお勧めします。

なお、鶴見川の流域活動の情報は、ｎｐｏＴＲネットのＨＰ http://www.tr.net.gr.jp を鶴見川水系の河川・流域管理にかかわる行政情報は、国土交通省京浜河川事務所のＨＰ https://www.ktr.mlit.go.jp/keihin/ を訪ねてください。

小さな本なのに、未整理の部分も残る、難儀な仕事となりました。多大なご迷惑の連続だったにもかかわらず、原稿の取りまとめを辛抱強く支援してくださった、ちくま書房の鶴見智佳子さん、通読してコメントしてくださったｎｐｏＴＲネットの亀田佳子理事にお礼をもうしあげます。今年二〇二一年で三〇年を迎える鶴見川流域のネットワーキング活動を、苦楽をともに進めてくれているバクの流域四六の市民団体の仲間たち、ｎｐｏＴＲネットのスタッフの皆さんには、日々、感謝しかありません。

鶴見川流域水防災計画委員会の歴史的なハイドログラフの引用については、久保田勝（元京浜工事事務所長、元国土交通省東北地方整備局長）さん、京浜工事事務所におけるその歴史的な委員会の調整役（当時の担当課長）でもあった福田昌史（元国土交通省四国整備局長）さんに、多大なご支援をいただきました。文末ではありますが、記して、心からの感謝を申し上げます。

二〇二一年五月二五日

コロナ感染の終息を待望しつつ、入梅間近の雨の音をきく深夜、ｎｐｏＴＲネット事務所にて

岸　由二

ちくまプリマー新書

205
「流域地図」の作り方
――川から地球を考える
岸由二
近所の川の源流から河口まで、水の流れを追って「流域地図」を作ってみよう。「流域地図」で大地の連なり、水の流れ、都市と自然の共存までが見えてくる！

254
「奇跡の自然」の守りかた
――三浦半島・小網代の谷から
岸由二
柳瀬博一
笹を刈ったり、水の流れを作ったり、人が手をかけなければ自然は守れない。流域を丸ごと保全した「小網代の谷」の活動を紹介し、自然保護のあり方を考える。

319
生きものとは何か
――世界と自分を知るための生物学
本川達雄
生物の最大の特徴はなんだろうか？　地球上のあらゆる生物は様々な困難（環境変化や地球変動）に負けず子孫を残そうとしている。生き続けることこそが生物!?

335
なぜ科学を学ぶのか
池内了
科学は万能ではなく、限界があると知っておくことが重要だ。科学・技術の考え方・進め方には一般的な法則がある。それを体得するためのヒントが詰まった一冊。

252
植物はなぜ動かないのか
――弱くて強い植物のはなし
稲垣栄洋
自然界は弱肉強食の厳しい社会だが、弱そうに見えるたくさんの動植物たちが、優れた戦略を駆使して自然を謳歌している。植物たちの豊かな生き方に楽しく学ぼう。

ちくまプリマー新書

101
地学のツボ
――地球と宇宙の不思議をさぐる
鎌田浩毅
地震、火山など災害から身を守るには？　地球や宇宙の起源に迫る「私たちとは何か」。実用的、本質的な問いを一挙に学ぶ。理解のツボが一目でわかる図版資料満載。

012
人類と建築の歴史
藤森照信
母なる大地と父なる太陽への祈りが建築を誕生させた。人類が建築を生み出し、現代建築にまで変化させていく過程を、ダイナミックに追跡する画期的な建築史。

166
フジモリ式建築入門
藤森照信
建築物はどこにでもある身近なものだが、改めて「建築とは何か？」と考えてみるとこれがムズカシイ。ヨーロッパと日本の建築史をひもときながらその本質に迫る本。

038
おはようからおやすみまでの科学
佐倉統
古田ゆかり
毎日の「便利」な生活は科学技術があってこそ。料理も洗濯も、ゲームも電話も、視点を変えると楽しい発見がたくさん。幸せに暮らすための科学との付き合い方とは？

193
はじめての植物学
――植物たちの生き残り戦略
大場秀章
身の回りにある植物の基本構造と営みを観察してみよう。大地に根を張って暮らさねばならないことゆえの、巧みな植物の「改造」を知り、植物とは何かを考える。

ちくまプリマー新書

247
笑う免疫学 ――自分と他者を区別するふしぎなしくみ
藤田紘一郎

免疫とは異物を排除するためではなく、他の生物との共生のための手段ではないか？　その複雑さから諸刃の剣とも言われる免疫のしくみを、一から楽しく学ぼう！

152
どこからが心の病ですか？
岩波明

心の病と健常な状態との境目というのはあるのだろうか。明確にここから、と区切るのは難しいが、症状にはパターンがある。思春期の精神疾患の初期症状を解説する。

342
ぼくらの中の「トラウマ」 ――いたみを癒すということ
青木省三

どんな人にもトラウマはある。まずはそのいたみを自覚し、こじらせてしまわないことが肝要だ。トラウマのメカニズムや和らげる術を豊富な事例から紹介する。

343
どこからが病気なの？
市原真

病気と平気の線引きはどこにあるのか？　病気のアラームとは何か？　かぜと肺炎はどう違う？　人体と病気の仕組みについて病理医ヤンデル先生がやさしく解説。

297
世界一美しい人体の教科書〈カラー新書〉
坂井建雄

いまだ解き明かされぬ神秘に満ちた人体。最新の研究成果をもとに、主要な臓器の構造と働きをわかりやすく解説。100枚の美しい超ミクロカラー写真でその謎に迫る！

ちくまプリマー新書

229
揺らぐ世界
――〈中学生からの大学講義〉4
立花隆／岡真理
橋爪大三郎／森達也
紛争、格差、環境問題……。世界はいまも多くの問題を抱えて揺らぐ。これらを理解するための視点は、どうすれば身につくのか。多彩な先生たちが示すヒント。

230
生き抜く力を身につける
――〈中学生からの大学講義〉5
大澤真幸／北田暁大
多木浩二／宮沢章夫
いくらでも選択肢のあるこの社会で、私たちは息苦しさを感じている。既存の枠組みを超えてきた先人達から、見取り図のない時代を生きるサバイバル技術を学ぼう！

305
学ぶということ
――続・中学生からの大学講義1
桐光学園＋
ちくまプリマー新書編集部編
受験突破だけが目標じゃない。学び、考え続ければ重い扉が開くこともある。変化の激しい時代を生きる若い人たちへ、先達が伝える、これからの学びかた・考えかた。

306
歴史の読みかた
――続・中学生からの大学講義2
桐光学園＋
ちくまプリマー新書編集部編
人類の長い歩みには、「これから」を学ぶヒントがいっぱいつまっている。その読み解きかたを先達に学び、君たち自身の手で未来をつくっていこう！

307
創造するということ
――続・中学生からの大学講義3
桐光学園＋
ちくまプリマー新書編集部編
技術やネットワークが進化した今、一人でも様々なことができるようになってきた。新しい価値観を創る力を身につけて、自由な発想で一歩を踏み出そう。

ちくまプリマー新書378

生《い》きのびるための流域思考《りゅういきしこう》

二〇二一年七月十日　初版第一刷発行
二〇二四年六月五日　初版第二刷発行

著者　岸由二（きし・ゆうじ）
装幀　クラフト・エヴィング商會
発行者　喜入冬子
発行所　株式会社筑摩書房
東京都台東区蔵前二-五-三　〒一一一-八七五五
電話番号　〇三-五六八七-二六〇一（代表）
印刷・製本　中央精版印刷株式会社

ISBN978-4-480-68405-9 C0225 Printed in Japan